L'ARTE DELLA PROGRAMMAZIONE C

UN PERCORSO COMPLETO PER COMBINARE LA TEORIA CON L'APPLICAZIONE PRATICA

-

TECNICHE PER SCRIVERE CODICE EFFICIENTE E OTTIMIZZATO

CRISTIAN TESCONI

Copyright © 2024 di Cristian Tesconi

Tutti i diritti riservati.

Nessuna parte di questo libro può essere riprodotta in qualsiasi forma senza il permesso scritto dell'editore o dell'autore, ad eccezione di quanto consentito dalla legge sul copyright italiana.

Autore

L'autore di questo libro è un Ingegnere Robotico e dell'Automazione con una vasta esperienza nel settore automobilistico, dove ha ricoperto una varietà di ruoli che gli hanno fornito una conoscenza approfondita e una vasta competenza nel campo.

Durante la sua carriera, egli ha lavorato allo sviluppo di algoritmi per la guida autonoma, ha sperimentato soluzioni innovative e ha collaborato con team multidisciplinari per creare sistemi avanzati e sicuri.

Inoltre, l'autore ha acquisito una solida esperienza nello sviluppo di applicazioni embedded nell'ambito della telematica. Ha lavorato su progetti che coinvolgono la comunicazione tra veicoli, la gestione dei dati e l'interfacciamento con sistemi esterni. La sua competenza in questo campo lo ha reso consapevole delle sfide e delle opportunità offerte dalla connettività e dalla digitalizzazione nell'industria automobilistica.

Un'altra area di specializzazione riguarda la simulazione di sistemi multi fisici. Ha sviluppato applicazioni desktop che consentono la modellazione e la simulazione di sistemi, integrando diverse discipline ingegneristiche. La sua esperienza in questo campo lo ha portato a comprendere l'importanza dell'accuratezza e dell'efficienza nella progettazione e nella valutazione di sistemi complessi.

L'autore ha anche contribuito in modo significativo allo sviluppo di soluzioni automatizzate. Ha applicato la sua conoscenza della programmazione e dell'automazione per semplificare processi complessi e migliorare l'efficienza operativa. Ha sviluppato strumenti personalizzati e ha collaborato con team per implementare soluzioni automatizzate in diversi contesti.

Con la combinazione della sua vasta esperienza nel settore automotive, la conoscenza approfondita della programmazione e l'esperienza pratica nello sviluppo di soluzioni sofisticate, l'autore si impegna a condividere le sue conoscenze e competenze attraverso questo libro. La sua passione per la programmazione e il desiderio di aiutare gli altri nello sviluppo delle loro abilità lo hanno spinto a creare una risorsa completa che guiderà il lettore nella comprensione del linguggio C.

L'autore spera che questo libro sia uno strumento prezioso per gli appassionati di programmazione, studenti, professionisti e chiunque sia interessato ad approfondire le proprie competenze nel campo della programmazione.

Prefazione

Benvenuto in questo viaggio attraverso il linguaggio di programmazione C, uno dei linguaggi più longevi e influenti nella storia dell'informatica. Nato nei laboratori Bell negli anni '70, il linguaggio C ha rivoluzionato il modo di programmare, diventando la base di molti altri linguaggi moderni e un pilastro fondamentale per lo sviluppo di sistemi operativi, software di sistema e applicazioni ad alte prestazioni.

Questo libro è stato concepito per guidare sia i principianti che i programmatori esperti attraverso le complessità e le potenzialità del linguaggio C. La mia missione è quella di fornire una comprensione profonda e pratica di questo linguaggio, esplorando ogni suo aspetto con attenzione ai dettagli e agli esempi concreti.

L'approccio adottato in queste pagine è duplice: teorico e pratico. Ho strutturato il contenuto per iniziare con i concetti fondamentali e poi addentrarmi gradualmente in argomenti più avanzati e complessi. Questo permette al lettore di costruire una solida base di conoscenze, per poi applicarle in contesti reali e complessi.

Il linguaggio C è noto per la sua efficienza e la sua capacità di offrire un controllo fine sull'hardware, caratteristiche che lo rendono insostituibile in molti ambiti, dalla programmazione embedded allo sviluppo di sistemi operativi. Tuttavia, questa potenza porta con sé una serie di sfide, soprattutto in termini di gestione della memoria e prevenzione degli errori. In questo libro, non mi limito a spiegare le funzionalità del linguaggio, ma fornisco anche le migliori pratiche per scrivere codice sicuro e manutenibile.

Che tu stia muovendo i primi passi nel mondo della programmazione o che tu sia un programmatore esperto desideroso di approfondire le tue conoscenze, questo libro è stato pensato per essere una risorsa preziosa e un compagno di studio. Ogni capitolo è ricco di esempi pratici, esercizi e spiegazioni dettagliate, per aiutarti a padroneggiare il linguaggio C e a utilizzarlo per creare software efficiente e robusto.

Sono entusiasta di accompagnarti in questo viaggio e spero che, alla fine della lettura, tu possa guardare al linguaggio C non solo come a uno strumento di lavoro, ma come a una potente risorsa per esprimere la tua creatività e le tue idee attraverso il codice.

Cosa copre questo libro

Questo libro è una guida esaustiva alla programmazione in C, pensata per aiutare sia i principianti che i programmatori esperti a padroneggiare questo linguaggio potente e versatile. Ecco una panoramica dei principali argomenti trattati:

- **Introduzione al linguaggio C**: scoprirai le basi del linguaggio C, comprese le sue caratteristiche principali e i motivi per cui è considerato uno dei linguaggi di programmazione più ecologici ed efficienti.
- **Evoluzione del linguaggio**: esplorerai l'evoluzione del C attraverso i vari standard (C89, C95, C99, C11, C17, C23), comprendendo come ogni aggiornamento ha migliorato il linguaggio e le sue capacità.
- **Preparazione dell'ambiente di sviluppo**: imparerai a configurare l'ambiente di sviluppo, compresi il compilatore GCC, MinGW e MSYS, e a utilizzare IDE per rendere il processo di sviluppo più efficiente.
- **Scrittura e compilazione del codice**: scoprirai come scrivere il tuo primo programma in C, compilarlo e risolvere eventuali problemi di compilazione, comprendendo le fasi di preprocessamento, compilazione, assemblaggio e linking.

- **Concetti fondamentali di programmazione**: approfondirai i concetti base del linguaggio, come tipi di dato, variabili, operatori, strutture di controllo (if-else, switch, for, while) e le loro applicazioni pratiche.
- **Strutture dati avanzate**: esplorerai strutture complesse come array, puntatori, strutture e unioni, comprendendo come gestire la memoria e come utilizzare i puntatori in modo sicuro ed efficiente.
- **Funzioni e modularità**: imparerai a creare funzioni efficienti, a passare parametri e a gestire il ritorno di valori, incluse le funzioni ricorsive, inline, variadiche e callback.
- **Gestione della memoria**: scoprirai come il C gestisce la memoria attraverso stack e heap, e come prevenire problemi comuni come i buffer overflow.
- **Input/Output e file handling**: approfondirai le tecniche di gestione dell'input/output e la manipolazione dei file, imparando a lavorare con stream, file e dati di input/output.
- **Concorrenza e parallelismo**: scoprirai i fondamenti della programmazione concorrente, utilizzando thread, mutex, condition variables e operazioni atomiche per sviluppare applicazioni parallele efficienti.
- **Gestione degli errori**: imparerai tecniche di gestione degli errori, utilizzando codici di ritorno, la variabile globale errno, e funzioni avanzate come setjmp e longjmp.
- **Documentazione e best practices**: scoprirai l'importanza della documentazione del codice e come utilizzare strumenti come Doxygen per generare documentazione chiara e utile. Inoltre, verranno fornite best practices per la scrittura di codice leggibile e mantenibile.
- **Strumenti di automazione e build**: imparerai a utilizzare strumenti come CMake per la configurazione e la gestione dei progetti C, migliorando l'efficienza del processo di build e automazione.

Questo libro fornisce una copertura completa del linguaggio di programmazione C, offrendo le competenze necessarie per scrivere codice robusto, efficiente e sicuro. Dalla teoria alla pratica, ogni capitolo è progettato per fornire una comprensione profonda e applicabile del linguaggio C e delle sue molteplici sfaccettature.

Restiamo in contatto

Mi piacerebbe rimanere in contatto con te mentre continui il tuo percorso di apprendimento. Che tu abbia domande, feedback o semplicemente desideri condividere i tuoi progressi, ci sono diversi modi per metterti in contatto con me:

- **Email**: non esitare a contattarmi via email all'indirizzo geeky.tech.gt@gmail.com (email secondaria: cristiantesco@gmail.com). Apprezzo il tuo contributo e farò del mio meglio per rispondere alle tue domande e offrire assistenza.
- **Recensioni del libro**: se hai trovato il libro utile e informativo, ti invito a lasciare una recensione su Amazon. Il tuo feedback sincero può aiutare altri lettori a scoprire e beneficiare di questa risorsa.

Apprezzo sinceramente il tuo supporto: il tuo contributo e il tuo coinvolgimento sono preziosi per me mentre cerco di migliorare e offrirti materiale di apprendimento pertinente ed efficace.

Sommario

INTRODUZIONE AL LINGUAGGIO C — 1

IL LINGUAGGIO PIÙ ECOLOGICO — 3
Efficienza energetica: linguaggi a confronto — 4
LE CARATTERISTICHE PRINCIPALI — 7
AMBITO ED EVOLUZIONE (C89, C95, C99, C11, C17, C23) — 8
ELEMENTI DI UN PROGRAMMA IN C — 10

PREPARAZIONE DELL'AMBIENTE DI SVILUPPO — 16

COMPILATORE E LINKER: FONDAMENTI — 16
Ruolo fondamentale del compilatore — 17
Importanza del Linker — 18
Gestione delle dipendenze e delle librerie — 19
Svantaggi e vantaggi dell'approccio separato — 19
IL GCC — 20
MINGW E MSYS: CONTENUTI E UTILIZZO — 22
MinGW: Il Cuore della Compilazione su Windows — 22
MSYS: Il Ponte tra Unix-like e Windows — 24
ALTERNATIVE TOOLCHAIN PER LO SVILUPPO IN C — 24
L'AMBIENTI DI SVILUPPO INTEGRATO (IDE) — 26
Cosa è un IDE? — 26
Configurazione di un IDE — 28

IL TUO PRIMO PRIMO PROGRAMMA — 30

Scrivere il programma — 30
Preparazione dell'ambiente di sviluppo — 30
Il Codice Sorgente — 31
Spiegazione del Codice: — 31
Salvataggio del File — 32
Compilare il Programma — 32
Punti Chiave — 32

GLI STAGE DI COMPILAZIONE — 34

PREPROCESSAMENTO — 35
FUNZIONALITÀ PRINCIPALI DEL PREPROCESSORE — 35
PROCESSO DI PREPROCESSAMENTO — 36
ESEMPIO DI PREPROCESSAMENTO — 37
COMPILAZIONE — 37
ANALISI DEL CODICE — 38
TRADUZIONE IN LINGUAGGIO ASSEMBLY — 38
OTTIMIZZAZIONE DEL CODICE — 39
ASSEMBLAGGIO — 39
IL RUOLO DELL'ASSEMBLER — 40
GENERAZIONE DEI FILE OGGETTO — 41
COLLEGAMENTO (LINKING) — 41
FUNZIONI PRINCIPALI DEL LINKER — 41
TIPI DI LINKING — 42
PROCESSO DI LINKING — 44
ESEMPIO: GENERAZIONE DI UN PROGRAMMA ESEGUIBILE — 45

BIT, BYTE E SISTEMA DI RAPPRESENTAZIONE — 50

COS'È UN BIT? — 50
CARATTERISTICHE DEL BIT — 50
BIT IN MEMORIA E TRASMISSIONE — 51
IMPORTANZA DEI BIT — 52
COS'È UN BYTE? — 53
STRUTTURA DI UN BYTE — 53
APPLICAZIONI DEL BYTE — 54
DIMENSIONI E MULTIPLI DEL BYTE — 55
SISTEMI DI RAPPRESENTAZIONE BINARIO, DECIMALE ED ESADECIMALE — 55
BINARIO — 56
DECIMALE — 56
ESADECIMALE — 58

CONCETTI BASE — 59

I COMMENTI NEL CODICE SORGENTE	**60**
LE KEYWORD C	**61**
PAROLE CHIAVE CON TRATTINO BASSO (_)	62
DIRETTIVE DEL PREPROCESSORE	62
GLI IDENTIFICATORI	**66**
I TIPI DI DATO	**68**
TIPI DI DATO INTERO	69
TIPO DI DATO BOOLEANO	70
TIPI DI DATO IN VIRGOLA MOBILE	71
TIPI DI DATO CHAR	72
TIPI DI DATO PUNTATORI	75
TIPI DI DATO COMPOSITI	75
TIPO DI DATO VOID	76
LA CONVERSIONE IMPLICITA ED ESPLICITA	**77**
LA DICHIARAZIONE E LA DEFINIZIONE	**79**
CICLI E CONDIZIONALI	**80**
CONDIZIONALI: IF-ELSE	81
Espressione booleana	81
If-Else	82
Else If	83
Considerazioni finali	84
CONDIZIONALE SWITCH IN C	85
Struttura base	85
Utilizzo dei casi (case)	86
Clausola default	87
Considerazioni finali	88
CICLO FOR IN C	88
Ciclo infinito	89
Uscita anticipata dal ciclo	90
Continuare con la prossima iterazione	90
Considerazioni finali	91
CICLO WHILE	91
Uscita anticipata dal ciclo	93
Continuare con la prossima iterazione	93
DIFFERENZE TRA CICLO FOR E CICLO WHILE	94

GLI ENUMERATI   96

DICHIARAZIONE E UTILIZZO   96
UTILIZZO AVANZATO DEGLI ENUMERATIVI   98

LE STRUTTURE E LE UNIONI   102

LE STRUTTURE   102
DICHIARAZIONE E DEFINIZIONE DELLE STRUTTURE   102
STRUTTURE ANONIME E STRUTTURE ANNIDATE   104
IL PADDING   106
LE UNIONI   110
DEFINIZIONE E UTILIZZO DELLE UNIONI   110
DIFFERENZE TRA STRUTTURE E UNIONI   111
ESEMPIO DI DIFFERENZA TRA STRUTTURA E UNIONE   112

LE FUNZIONI   114

INTRODUZIONE ALLE FUNZIONI   114
PARAMETRI E RITORNO DELLE FUNZIONI   116
FUNZIONI CHE NON RESTITUISCONO NULLA   121
FUNZIONI VOID   121
FUNZIONI _NORETURN   122
LA FUNZIONE MAIN()   123
DEFINIZIONE DI BASE DELLA FUNZIONE MAIN()   123
LA FUNZIONE MAIN CON ARGOMENTI   124
RICORSIONE   126
LE FUNZIONI INLINE   130
LE FUNZIONI VARIADICHE   131
LE FUNZIONI CALLBACK   134

SCOPE, VISIBILITÀ E DURATA   137

SCOPE   137
TIPI DI SCOPE   137

SCOPE E STRUTTURE DI CONTROLLO	139
SCOPE E SHADOWING	140
VISIBILITÀ	**141**
VISIBILITÀ A LIVELLO DI BLOCCO E FUNZIONE	141
VISIBILITÀ A LIVELLO GLOBALE	142
VISIBILITÀ E LA PAROLA CHIAVE EXTERN	143
VISIBILITÀ LIMITATA CON LA PAROLA CHIAVE STATIC	144
VISIBILITÀ DEI PARAMETRI DELLE FUNZIONI	145
VISIBILITÀ E FUNZIONI INLINE	145
DURATA	**146**
DURATA AUTOMATICA	146
DURATA STATICA	147
DURATA DINAMICA	148
DURATA TEMPORANEA	149
DURATA DELLE VARIABILI E INIZIALIZZAZIONE	150
DURATA DELLE VARIABILI E RICORSIONE	150

I PUNTATORI   152

INTRODUZIONE AI PUNTATORI	**152**
ARITMETICA DEI PUNTATORI	**154**
GESTIONE DELLA MEMORIA CON I PUNTATORI	**157**
PUNTATORI E ARRAY	**160**
PUNTATORI A FUNZIONE	**162**
PUNTATORI A STRUTTURE	**164**
GESTIONE SICURA DEI PUNTATORI	**168**
PUNTATORI E STRINGHE	**173**
PUNTATORI E MULTIDIMENSIONALITÀ	**176**
STRUTTURA DELLA MEMORIA: STACK E HEAP	**179**
STACK	180
HEAP	183

INPUT E OUTPUT   188

RUOLO DELL'HEADER <STDIO.H>	**188**
CONCETTO DI I/O STREAMS E OGGETTI FILE	**190**

GESTIONE DEI FLUSSI DI INPUT/OUTPUT	190
MANIPOLAZIONE DEI FILE	191
CARATTERI STRETTI E LARGHI: DIFFERENZE E UTILIZZO	194
INPUT/OUTPUT CON CARATTERI STRETTI	195
INPUT/OUTPUT CON CARATTERI LARGHI	197

LA GESTIONE DEGLI ERRORI   199

TECNICHE DI BASE PER LA GESTIONE DEGLI ERRORI	199
UTILIZZO DEI CODICI DI RITORNO	199
USO DELLA VARIABILE GLOBALE ERRNO	201
TECNICHE AVANZATE DI GESTIONE DEGLI ERRORI	204
UTILIZZO DI SETJMP E LONGJMP	204
CALLBACK DI GESTIONE DEGLI ERRORI	206

UTILITÀ DI SUPPORTO IN UN PROGRAMMA C   210

TERMINAZIONE DEL PROGRAMMA	210
COMUNICAZIONE CON L'AMBIENTE ESTERNO	213
GESTIONE DEI SEGNALI	215
INTRODUZIONE AI BUFFER OVERFLOW	224
MECCANISMI INTERNI	226
APPROCCI PER RIDURRE IL RISCHIO DI BUFFER OVERFLOW IN C	231

GLI ABASTRACT DATA TYPE (ADT)   237

DEFINIZIONE DI UN ADT	237
FONDAMENTI DELLA TEORIA DEGLI ADT IN LINGUAGGIO C	238
QUASI ABSTRACT DATA TYPE (ADT)	239
ABSTRACT DATA TYPE DI PRIMA CLASSE (ADT DI PRIMA CLASSE)	243

LE LIBRERIE   248

LE LIBRERIE STATICHE	251
LE LIBRERIE DINAMICHE	254

LA CONCORRENZA E PARALLELLISMO — 264

THREADS IN C: CONCETTI FONDAMENTALI E FUNZIONALITÀ — 269
INTRODUZIONE ALLA LIBRERIA PTHREAD — 271
Esempio 1 — 274
Esempio 2 — 275
Esempio 3 — 276
OPERAZIONI ATOMICHE — 278
OGGETTI ATOMICI E OPERAZIONI LOCK FREE — 279
FUNZIONI E MACRO PER LE OPERAZIONI ATOMICHE — 282
MUTEX (MUTUA ESCLUSIONE) — 286
CONDITION VARIABLES — 290
MEMORIZZAZIONE LOCALE PER THREAD — 296
MEMORY ORDER — 299

GENERARE DOCUMENTAZIONE DEL CODICE — 311

IMPORTANZA DELLA DOCUMENTAZIONE — 311
STRUMENTI PER LA GENERAZIONE DI DOCUMENTAZIONE: DOXYGEN — 312
INSTALLAZIONE DI DOXYGEN — 312
CONFIGURAZIONE DI DOXYGEN — 312
SCRIVERE COMMENTI PER DOXYGEN — 313
ESEMPIO DI UTILIZZO — 313
BEST PRACTICES PER LA DOCUMENTAZIONE — 315

ERRORI DA EVITARE — 320

MANCATA INIZIALIZZAZIONE DELLE VARIABILI — 320
CONFUSIONE TRA '==' E '=' — 321
BUFFER OVERFLOW — 322
MANCATA LIBERAZIONE DELLA MEMORIA — 322
ACCESSO FUORI DAI LIMITI DELL'ARRAY — 324
DIMENTICARE DI INCLUDERE GLI HEADER FILE — 324
USO ERRATO DI PUNTATORI — 325
CONFUSIONE TRA ARITMETICA DEI PUNTATORI E DEGLI INTERI — 326

MANCATA GESTIONE DEGLI ERRORI	**327**
USO IMPROPRIO DI SIZEOF()	**328**

I FLAGS DI COMPILAZIONE — 330

PRINCIPALI CATEGORIE DI FLAG	**330**
UTILIZZO DEI FLAG NEL COMPILATORE GCC	**333**
INTERPRETAZIONE DEGLI OUTPUT DEL COMPILATORE	**333**
RISORSE PER IMPARARE E APPROFONDIRE	**334**

STRUTTURA DI UN PROGETTO C — 335

ORGANIZZAZIONE DELLA STRUTTURA DEI FILE	**335**
MODULI E DIPENDENZE	**337**
CONVENZIONI DI NOMENCLATURA E STILE DI CODIFICA	**337**
GESTIONE DEGLI ERRORI	**338**
DOCUMENTAZIONE E COMMENTI	**338**
CONTROLLO DI VERSIONE	**338**
STRUMENTI DI AUTOMAZIONE E BUILD	**339**

APPENDICE – IL CMAKE — 341

INTRODUZIONE A CMAKE	**341**
VANTAGGI DELL'UTILIZZO DI CMAKE	341
INSTALLAZIONE DI CMAKE SU WINDOWS E LINUX	**342**
STRUTTURA DI BASE DI UN PROGETTO CMAKE	**344**
IL FILE CMAKELISTS.TXT	344
ESEMPIO DI CMAKELISTS.TXT	345
CONFIGURAZIONE DEL PROGETTO	**347**
UTILIZZO DELLA COMMAND LINE	347
UTILIZZO DI CMAKE GUI	349

Introduzione al linguaggio C

Il linguaggio C è una pietra miliare nella storia della programmazione informatica, avendo lasciato un'impronta indelebile nel mondo dello sviluppo software fin dalla sua concezione negli anni '70. Le sue origini risalgono a un periodo di transizione nell'evoluzione della programmazione, e la sua storia è un affascinante viaggio attraverso l'innovazione, l'efficienza e l'influenza duratura.

Le radici del linguaggio C possono essere fatte risalire al laboratorio di ricerca Bell di AT&T (American Telephone and Telegraph Company) negli Stati Uniti. Nel 1969, Ken Thompson, Dennis Ritchie, e altri ricercatori svilupparono un sistema operativo chiamato UNIX presso i laboratori Bell. Nel corso dello sviluppo di UNIX, emersero le esigenze di un linguaggio di programmazione che fosse sufficientemente potente da consentire la scrittura di sistemi operativi, ma anche sufficientemente flessibile per adattarsi ai cambiamenti. In risposta a questa esigenza, Dennis Ritchie iniziò a sviluppare un linguaggio che chiamò originariamente "B", in omaggio al linguaggio precedente sviluppato da Ken Thompson chiamato BCPL. Tuttavia, il linguaggio B mostrava alcune limitazioni, spingendo Ritchie a svilupparne una versione migliorata. Questa evoluzione portò alla creazione del linguaggio C nel corso degli anni 1971-1973.

Il linguaggio C era caratterizzato da una sintassi semplice e una flessibilità che lo rendeva adatto a vari contesti di programmazione. La decisione di implementare il sistema operativo UNIX in C si rivelò cruciale. L'uso di C permise una portabilità del codice senza precedenti, consentendo di eseguire lo stesso software su piattaforme diverse senza dover riscrivere il codice sorgente. Questo attributo di portabilità contribuì notevolmente alla diffusione del linguaggio C stesso. Un momento significativo nella storia del linguaggio C fu l'articolazione delle sue specifiche in un documento formale. Nel 1978, Brian Kernighan e Dennis Ritchie pubblicarono il libro "The C Programming Language" ("Il linguaggio di programmazione C"), spesso chiamato "K&R C" in omaggio agli autori. Questo testo divenne rapidamente un riferimento fondamentale per programmatori di tutto il mondo e consolidò la posizione del linguaggio C nella comunità informatica. Negli anni '80, il linguaggio C continuò a crescere in popolarità e ad affermarsi come uno dei linguaggi di programmazione più utilizzati. La sua semplicità e potenza fecero sì che fosse ampiamente adottato in una vasta gamma di applicazioni, dalla programmazione di sistemi emebbeded alla scrittura di applicazioni desktop e di grandi sistemi. Con il passare degli anni, il linguaggio C continuò a evolversi. Nel 1989, l'American National Standards Institute (ANSI) rilasciò una versione standardizzata di C nota come C89, stabilendo una base comune per l'implementazione del linguaggio. Successivamente furono introdotte nuove versioni, come C99 e qualche anno dopo C11, che aggiunsero nuove caratteristiche e miglioramenti al linguaggio. L'influenza del linguaggio C è profondamente radicata nella storia della programmazione e ha plasmato l'evoluzione di molti linguaggi successivi. Ad esempio, il linguaggio C++ è un'espansione del linguaggio C, aggiungendo il concetto di programmazione orientata agli oggetti. Altri linguaggi, come Java e C#, hanno ereditato molti concetti di base da C, dimostrando la duratura rilevanza e influenza di questo linguaggio. Oggi, nonostante l'avvento di linguaggi più moderni, il linguaggio C continua a essere ampiamente utilizzato in molte applicazioni critiche, come lo sviluppo di sistemi operativi, firmware, e software di sistema. La sua efficienza e controllo a basso livello lo rendono un pilastro fondamentale per chiunque desideri comprendere a fondo il funzionamento interno dei computer e sviluppare software di alto livello di prestazioni.

Il linguaggio più ecologico

Il contesto ambientale è diventato un tema sempre più rilevante nella valutazione dei linguaggi di programmazione, poiché la sostenibilità e l'efficienza energetica sono diventate priorità cruciali. In questo scenario, il linguaggio di programmazione C emerge come un protagonista ecologico grazie a diverse caratteristiche che lo rendono una scelta rispettosa dell'ambiente.

- **Efficienza nella gestione della memoria:**

Il controllo diretto della memoria in C offre un vantaggio ecologico significativo. La gestione efficiente della memoria consente di ottimizzare l'uso delle risorse, riducendo la quantità complessiva di memoria richiesta per eseguire un programma. Ciò si traduce in un minor consumo di energia, specialmente in contesti in cui le risorse sono limitate, come nei sistemi embedded o in dispositivi a basso consumo energetico.

- **Esecuzione ad alta velocità:**

La natura di basso livello di C contribuisce alla creazione di programmi altamente ottimizzati e veloci. L'esecuzione rapida di codice significa che i programmi scritti in C richiedono meno tempo di elaborazione, riducendo quindi il consumo complessivo di energia durante l'esecuzione. Questa caratteristica è particolarmente significativa in scenari in cui la velocità di esecuzione è critica, come nei sistemi in tempo reale.

- **Librerie ottimizzate:**

La vasta libreria standard di C è stata sviluppata nel corso degli anni con un'attenzione particolare all'ottimizzazione delle performance. L'accesso a librerie altamente efficienti consente agli sviluppatori di scrivere codice che consuma meno risorse, contribuendo a un impatto ambientale ridotto. Questo approccio efficiente si estende anche alla gestione delle stringhe e all'algebra lineare, rendendo C una scelta ecologica anche per applicazioni scientifiche complesse.

- **Portabilità e riduzione dei rifiuti elettronici:**
La portabilità di C, che consente di eseguire lo stesso codice su diverse piattaforme hardware, riduce la necessità di frequenti aggiornamenti o sostituzioni hardware. Questo contribuisce a ridurre il volume complessivo di rifiuti elettronici, promuovendo un approccio più sostenibile alla tecnologia.

- **Contributi alla durata di vita di sistemi legacy:**
Molti sistemi legacy critici per il funzionamento di infrastrutture vitali sono scritti in C. La capacità di mantenere e ottimizzare tali sistemi senza doverli sostituire integralmente riduce il consumo di risorse associate alla produzione di nuovi hardware e software.

Efficienza energetica: linguaggi a confronto

Nel contesto sempre più critico della sostenibilità ambientale, la ricerca volta a valutare l'impatto energetico delle tecnologie digitali diventa cruciale. In questa prospettiva, uno studio condotto da esperti nel campo della programmazione, tra cui Rui Pereira, Marco Couto, Francisco Ribeiro, Jàcome Cunha, Joao Paulo Fernandes e Joao Saraiva, si propone di gettare luce sull'efficienza energetica di vari linguaggi di programmazione.

In un panorama in cui la digitalizzazione è onnipresente e il consumo di risorse informatiche è in costante aumento, comprendere come i linguaggi di programmazione influiscano sull'efficienza energetica è di fondamentale importanza. La ricerca di questo team di esperti si pone l'obiettivo di esplorare, analizzare e confrontare il peso specifico dei singoli linguaggi in termini di consumo energetico, gettando le basi per una valutazione approfondita. L'approccio metodologico di questo studio abbraccia un'analisi dettagliata dei linguaggi di programmazione più diffusi, cercando di evidenziare le differenze sostanziali nelle prestazioni energetiche. Tale ricerca non solo offre un quadro informativo sulle attuali dinamiche energetiche nella programmazione, ma fornisce anche una base per le decisioni future nell'adozione e nello sviluppo di applicazioni software. Attraverso l'esplorazione delle conclusioni di questa ricerca, sarà possibile comprenderne le implicazioni per lo sviluppo di software efficiente e sostenibile dal punto di vista energetico. Con una panoramica chiara delle prestazioni di vari linguaggi, gli sviluppatori saranno in grado di fare scelte informate che tengano conto non solo delle funzionalità richieste, ma anche dell'impatto ambientale delle loro decisioni di programmazione. In questo contesto, il lavoro condotto da Rui Pereira, Marco Couto, Francisco Ribeiro, Jàcome Cunha, Joao Paulo Fernandes e Joao Saraiva rappresenta un contributo significativo per orientare la comunità tecnologica verso un approccio più sostenibile e consapevole nell'ambito dello sviluppo software. La loro ricerca si inserisce in un contesto più ampio in cui la tecnologia e l'ecologia convergono, costruendo le fondamenta per un futuro digitale che sia tanto avanzato quanto rispettoso dell'ambiente.

Riferimento:

https://www.punto-informatico.it/il-linguaggio-di-programmazione-piu-ecologico-e-c/

binary-trees	Energy	Time	Ratio	Mb
(c) C	39.80	1125	0.035	131
(c) C++	41.23	1129	0.037	132
(c) Rust $\Downarrow_2$	49.07	1263	0.039	180
(c) Fortran $\Uparrow_1$	69.82	2112	0.033	133
(c) Ada $\Downarrow_1$	95.02	2822	0.034	197
(c) Ocaml $\downarrow_1 \Uparrow_2$	100.74	3525	0.029	148
(v) Java $\uparrow_1 \Downarrow_{16}$	111.84	3306	0.034	1120
(v) Lisp $\downarrow_3 \Downarrow_5$	149.55	10570	0.014	373
(v) Racket $\downarrow_4 \Downarrow_6$	155.81	11261	0.014	467
(i) Hack $\uparrow_2 \Downarrow_9$	156.71	4497	0.035	502
(v) C# $\downarrow_1 \Downarrow_1$	189.74	10797	0.018	427
(v) F# $\downarrow_3 \Downarrow_1$	207.13	15637	0.013	432
(c) Pascal $\downarrow_3 \Uparrow_5$	214.64	16079	0.013	256
(c) Chapel $\uparrow_5 \Uparrow_4$	237.29	7265	0.033	335
(v) Erlang $\uparrow_3 \Uparrow_1$	266.14	7327	0.036	433
(c) Haskell $\uparrow_2 \Downarrow_2$	270.15	11582	0.023	494
(i) Dart $\downarrow_1 \Downarrow_1$	290.27	17197	0.017	475
(i) JavaScript $\downarrow_2 \Downarrow_4$	312.14	21349	0.015	916
(i) TypeScript $\downarrow_2 \Downarrow_2$	315.10	21686	0.015	915
(c) Go $\uparrow_3 \Uparrow_{13}$	636.71	16292	0.039	228
(i) Jruby $\uparrow_2 \Downarrow_4$	720.53	19276	0.037	1671
(i) Ruby $\Uparrow_5$	855.12	26634	0.032	482
(i) PHP $\Uparrow_3$	1,397.51	42316	0.033	786
(i) Python $\Uparrow_{15}$	1,793.46	45003	0.040	275
(i) Lua $\Downarrow_1$	2,452.04	209217	0.012	1961
(i) Perl $\Uparrow_1$	3,542.20	96097	0.037	2148
(c) Swift			n.e.	

fannkuch-redux	Energy	Time	Ratio	Mb
(c) C $\Downarrow_2$	215.92	6076	0.036	2
(c) C++ $\Uparrow_1$	219.89	6123	0.036	1
(c) Rust $\Downarrow_{11}$	238.30	6628	0.036	16
(c) Swift $\Downarrow_5$	243.81	6712	0.036	7
(c) Ada $\Downarrow_2$	264.98	7351	0.036	4
(c) Ocaml $\downarrow_1$	277.27	7895	0.035	3
(c) Chapel $\uparrow_1 \Downarrow_{18}$	285.39	7853	0.036	53
(v) Lisp $\downarrow_3 \Downarrow_5$	309.02	9154	0.034	43
(v) Java $\uparrow_1 \Downarrow_{13}$	311.38	8241	0.038	35
(c) Fortran $\Downarrow_1$	316.50	8665	0.037	12
(v) C# $\downarrow_1$	318.51	8487	0.038	2
(c) Pascal $\uparrow_{10}$	343.55	9807	0.035	2
(v) F# $\downarrow_1 \Downarrow_7$	395.03	10950	0.036	34
(v) C# $\uparrow_1 \Downarrow_5$	399.33	10840	0.037	29
(i) JavaScript $\downarrow_1 \Downarrow_2$	413.90	33663	0.012	26
(c) Haskell $\uparrow_1 \Uparrow_8$	433.68	14666	0.030	7
(i) Dart $\Downarrow_2$	487.29	38678	0.013	46
(v) Racket $\Uparrow_3$	1,941.53	43680	0.044	18
(v) Erlang $\Uparrow_3$	4,148.38	101839	0.041	18
(i) Hack $\Downarrow_3$	5,286.77	115490	0.046	119
(i) PHP	5,731.88	125975	0.046	34
(i) TypeScript $\downarrow_4 \Uparrow_4$	6,898.48	516541	0.013	26
(i) Jruby $\uparrow_1 \Downarrow_4$	7,819.03	219148	0.036	669
(i) Lua $\downarrow_5 \Uparrow_{19}$	8,277.87	635023	0.013	2
(i) Perl $\uparrow_2 \Uparrow_{12}$	11,133.49	249418	0.045	12
(i) Python $\uparrow_2 \Uparrow_{14}$	12,784.09	279544	0.046	12
(i) Ruby $\uparrow_2 \Uparrow_{17}$	14,064.98	315583	0.045	8

fasta	Energy	Time	Ratio	Mb
(c) Rust $\Downarrow_9$	26.15	931	0.028	16
(c) Fortran $\downarrow_6$	27.62	1661	0.017	1
(c) C $\uparrow_1 \Downarrow_1$	27.64	973	0.028	3
(c) C++ $\uparrow_1 \Downarrow_2$	34.88	1164	0.030	4
(v) Java $\uparrow_1 \Downarrow_{12}$	35.86	1249	0.029	41
(c) Swift $\Downarrow_9$	37.06	1405	0.026	31
(c) Go $\downarrow_2$	40.45	1838	0.022	4
(c) Ada $\downarrow_2 \Uparrow_3$	40.45	2763	0.015	3
(c) Ocaml $\downarrow_2 \Uparrow_{15}$	40.78	3171	0.013	201
(c) Chapel $\uparrow_3 \Downarrow_{10}$	40.88	1379	0.030	53
(v) C# $\uparrow_4 \Downarrow_5$	45.35	1549	0.029	35
(i) Dart $\Downarrow_6$	63.61	4787	0.013	49
(i) JavaScript $\Downarrow_1$	64.84	5098	0.013	30
(c) Pascal $\downarrow_1 \Uparrow_{13}$	68.63	5478	0.013	0
(i) TypeScript $\downarrow_2 \Downarrow_{10}$	82.72	6909	0.012	271
(v) F# $\uparrow_2 \Uparrow_3$	93.11	5360	0.017	27
(v) Racket $\downarrow_1 \Uparrow_5$	120.90	8255	0.015	21
(c) Haskell $\uparrow_2 \Downarrow_8$	205.52	5728	0.036	446
(v) Lisp $\Downarrow_2$	231.49	15763	0.015	75
(i) Hack $\Downarrow_5$	237.70	17203	0.014	120
(i) Lua $\Downarrow_{18}$	347.37	24617	0.014	3
(i) PHP $\uparrow_1 \Uparrow_{13}$	430.73	29508	0.015	14
(v) Erlang $\uparrow_1 \Uparrow_{12}$	477.81	27852	0.017	18
(i) Ruby $\uparrow_1 \Uparrow_2$	852.30	61216	0.014	104
(i) JRuby $\uparrow_1 \Uparrow_1$	912.93	49509	0.018	705
(i) Python $\downarrow_1 \Downarrow_{18}$	1,061.41	74111	0.014	9
(i) Perl $\uparrow_1 \Uparrow_8$	2,684.33	61463	0.044	53

Questo studio, che analizza attentamente il consumo di energia, il tempo di esecuzione e l'utilizzo della memoria, attribuisce un ruolo centrale alla valutazione dell'efficienza di un linguaggio. I risultati rivelano che linguaggi come C, Rust e C++ emergono come leader in termini di efficienza energetica, confermandosi scelte altamente vantaggiose per progetti che pongono una particolare enfasi sulla sostenibilità energetica. Ada e Java, pur non raggiungendo il vertice, si collocano in posizioni di rilievo con performance complessive simili. Al contrario, linguaggi più diffusi come Javascript, PHP, Ruby o Python risultano notevolmente meno efficienti dal punto di vista energetico, occupando posizioni meno favorevoli nella classifica. Queste disomogeneità possono essere attribuite alle caratteristiche intrinseche di ciascun linguaggio, evidenziando la necessità per gli sviluppatori di bilanciare attentamente le proprie priorità ed esigenze di progetto.

In conclusione, l'analisi dei ricercatori offre una visione approfondita delle prestazioni energetiche dei diversi linguaggi di programmazione. Questi risultati forniscono un quadro utile per gli sviluppatori e le organizzazioni che cercano di compiere scelte informate, considerando non solo la sintassi e la facilità d'uso, ma anche l'importanza crescente dell'efficienza energetica nell'attuale contesto tecnologico e ambientale.

Le caratteristiche principali

Il linguaggio di programmazione C è caratterizzato da una combinazione di semplicità, versatilità e controllo a basso livello. È diventato un elemento essenziale nella scrittura di sistemi operativi, firmware e applicazioni di varia complessità. Esaminiamo ora le caratteristiche fondamentali che rendono il linguaggio C un elemento cruciale per gli sviluppatori.

In primo luogo, la sintassi di C è nota per la sua chiarezza e concisione. L'approccio del linguaggio mira a fornire un insieme di costrutti basilari che possono essere combinati in modo flessibile. Questa semplicità sintattica è stata un fattore chiave nel rendere C accessibile ai programmatori, consentendo loro di concentrarsi sulle logiche di programmazione senza essere intralciati da una sintassi complessa.

Un'altra caratteristica distintiva è la sua capacità di lavorare direttamente a livello di memoria. A differenza di linguaggi di più alto livello, C offre un controllo diretto sulle operazioni di memoria, consentendo di gestire in modo preciso e ottimizzato l'allocazione e la deallocazione della memoria. Questa caratteristica rende C particolarmente adatto per applicazioni in cui la gestione efficiente delle risorse è fondamentale. La portabilità è un altro elemento centrale: il linguaggio è stato progettato per essere indipendente dall'architettura hardware sottostante, il che significa che il codice scritto in C può essere eseguito su diverse piattaforme senza necessità di modifiche significative. Questa caratteristica è stata cruciale per il successo del sistema operativo UNIX, scritto in C, che ha dimostrato la possibilità di scrivere software che può essere facilmente adattato a differenti ambienti di esecuzione.

Il linguaggio C è noto anche per la sua efficienza e velocità di esecuzione. Grazie al suo controllo diretto sulla memoria e alla sua struttura di basso livello, esso permette di ottimizzare il codice per prestazioni ottimali. Questa caratteristica lo ha reso la scelta preferita per lo sviluppo di sistemi operativi, driver di periferiche e applicazioni a basso livello dove le performance sono cruciali.

La modularità è un altro elemento chiave del linguaggio C. Il linguaggio supporta la creazione di librerie, che permettono agli sviluppatori di organizzare il codice in moduli riutilizzabili. Questa capacità di strutturare il codice in componenti separati facilita la manutenzione e la gestione di progetti di grandi dimensioni. Inoltre, C offre una vasta libreria standard che fornisce un insieme di funzioni predefinite e strumenti di base. Questa libreria semplifica notevolmente lo sviluppo di applicazioni comuni, fornendo un ampio set di funzionalità di base senza la necessità di scrivere codice da zero. Infine, la flessibilità del linguaggio si estende alla possibilità di interagire direttamente con l'hardware del sistema. Questo è particolarmente importante in scenari di sviluppo di sistemi embedded o applicazioni in tempo reale, dove è necessario un controllo preciso sull'hardware.

Ambito ed evoluzione (C89, C95, C99, C11, C17, C23)

Dai suoi primi passi con la definizione di standard come C89 fino alle evoluzioni più recenti come C23, il linguaggio C ha continuato ad adattarsi alle esigenze crescenti della comunità di sviluppatori. Esaminiamo attentamente questo viaggio attraverso le diverse versioni di standard del linguaggio C.

Ambito del linguaggio C

Il linguaggio C è stato concepito inizialmente per fornire un mezzo efficiente e flessibile per scrivere il sistema operativo UNIX. Tuttavia, il suo successo si è esteso ben oltre l'ambito di UNIX, diventando uno degli strumenti di sviluppo più ampiamente utilizzati e influenti in molteplici domini, inclusi sistemi operativi, linguaggi di programmazione, applicazioni scientifiche ed embedded.

- **C89 (ANSI C):**

La prima grande pietra miliare nella standardizzazione del linguaggio C è stata raggiunta con C89 (noto anche come ANSI C). Pubblicato nel 1989 dall'American National Standards Institute (ANSI), questo standard ha fornito una specifica formale per il linguaggio C. C89 ha consolidato molte delle caratteristiche già presenti nel linguaggio, fornendo una base comune per gli sviluppatori e contribuendo all'adozione diffusa di C in tutto il settore.

Evoluzione del linguaggio C

L'evoluzione del linguaggio C è stata guidata dalla necessità di affrontare nuove sfide e di soddisfare le crescenti aspettative degli sviluppatori. Ogni nuova versione ha introdotto caratteristiche che migliorano l'espressività, la sicurezza e la flessibilità del linguaggio.

- **C95 e C99:**

Le versioni successive, come C95 e C99, hanno introdotto nuove caratteristiche e miglioramenti significativi. Nel 1995, con C95, furono apportati piccoli aggiornamenti e correzioni, mentre nel 1999, C99 portò cambiamenti più sostanziali. Tra le nuove funzionalità di C99 vi erano i commenti inline, la dichiarazione delle variabili in qualsiasi punto del codice e la gestione migliorata delle stringhe.

- **C11:**

Nel 2011 è stata introdotta la versione C11, che ha portato ulteriori miglioramenti al linguaggio. C11 ha introdotto caratteristiche come le routine atomiche, la gestione delle stringhe sicura, e un modello di memoria più coerente. Questa versione ha cercato di adattarsi ai nuovi scenari di sviluppo.

- **C17:**

La versione C17, ufficialmente nota come ISO/IEC 9899:2018, ha rappresentato un altro passo avanti nell'evoluzione di C. Sebbene non abbia introdotto modifiche rivoluzionarie, C17 ha portato correzioni di errori e miglioramenti minori per affinare ulteriormente il linguaggio.

- **C23:**

Attualmente, si prospetta la versione C23, che è in fase di sviluppo per continuare a garantire la rilevanza e la modernità del linguaggio C. Le proposte per C23 includono l'aggiunta di nuove funzionalità, ottimizzazioni della sintassi e miglioramenti della sicurezza, riflettendo l'impegno della comunità di sviluppatori nell'adattare il linguaggio alle esigenze attuali.

Importanza dell'evolvere del linguaggio C

L'evoluzione continua del linguaggio C è cruciale per diverse ragioni. Innanzitutto, l'aggiunta di nuove funzionalità consente agli sviluppatori di scrivere codice più chiaro, più conciso ed efficiente. Le migliorie nella gestione della memoria e nella sicurezza contribuiscono a prevenire errori comuni e vulnerabilità.

Inoltre, il mantenimento della rilevanza di C è essenziale per garantire la continuità degli investimenti nei progetti esistenti scritti in C. L'aggiornamento del linguaggio consente alle organizzazioni di sfruttare le nuove tecniche di sviluppo e di adottare le best practice emergenti.

Elementi di un programma in C

La struttura di base di un programma C fornisce il fondamento su cui si costruisce qualsiasi software scritto in questo linguaggio. Essenziale per comprendere il funzionamento del C, questa struttura fornisce una roadmap che guida gli sviluppatori attraverso le diverse fasi di programmazione. Esaminiamo attentamente gli elementi chiave che costituiscono la struttura fondamentale di un programma in C.

Direttive del Preprocessore

Il programma inizia spesso con le direttive del preprocessore. Queste istruzioni, precedute dal simbolo #, forniscono informazioni al preprocessore sulla gestione del codice sorgente. Un esempio comune è l'inclusione di librerie standard attraverso l'istruzione *#include*.

```
#include <stdio.h>
```

Definizione delle Librerie

Le librerie forniscono funzionalità aggiuntive al programma. La libreria standard *stdio.h* è spesso inclusa per abilitare le funzioni di input/output.

```
#include <stdio.h>
```

Definizione delle Costanti

Le costanti possono essere definite all'inizio del programma per rendere più leggibile il codice e facilitare eventuali modifiche future. Le costanti sono spesso definite con la direttiva *#define*.

```
#define PI 3.14159
```

Dichiarazioni delle Variabili Globali

Le variabili globali vengono dichiarate al di fuori delle funzioni e sono accessibili da qualsiasi parte del programma. Questa sezione è opzionale e dipende dalle necessità del programma.

```
float temp;
int globale = 10;
```

Dichiarazioni delle Funzioni

Le dichiarazioni delle funzioni vengono solitamente collocate all'inizio del programma. Queste informano il compilatore sulla struttura della funzione prima che venga effettivamente definita.

```
// Dichiarazione della funzione
void saluta();
```

Definizione delle Funzioni

Dopo la dichiarazione delle funzioni, è necessario definirle, cioè, implementare il loro comportamento specifico.

```
void saluta() {
    printf("Ciao, mondo!\n");
}
```

Funzione Principale (main)

Ogni programma C deve contenere la funzione principale *main*. Questa funzione è il punto di ingresso del programma, e l'esecuzione del codice inizia da qui.

```
int main() {
    // Corpo della funzione main
```

```c
    saluta();
    return 0;
}
```

Corpo del Programma

Il corpo principale del programma contiene le istruzioni che vengono eseguite durante l'esecuzione. Questo può includere chiamate a funzioni, istruzioni condizionali (if, else) e cicli (for, while).

```c
int main() {
    printf("Inizio del programma\n");

    // Chiamata a una funzione
    saluta();

    printf("Fine del programma\n");
    return 0;
}
```

Istruzione di Ritorno (return)

La funzione *main* restituisce un valore intero tramite l'istruzione *return*. Questo valore è spesso utilizzato per indicare se il programma è stato eseguito correttamente o se si è verificato un errore.

```c
int main() {
    // Corpo del programma

    // Ritorno con successo
    return 0;
```

```
}
```

Commenti

L'aggiunta di commenti al codice è una pratica comune per rendere il programma più comprensibile. I commenti vengono ignorati dal compilatore e forniscono spiegazioni o annotazioni utili per gli sviluppatori.

```
// Questo è un commento singolo

/*
Questo è un
commento su piu righe
*/
```

Al momento i concetti introdotti ti risulteranno un po' sfumati e sicuramente non completamente chiari, non preoccuparti. Il mio obiettivo è guidarti passo dopo passo attraverso i fondamenti del linguaggio C fino a portarti a un livello avanzato, sviscerando ogni concetto in modo dettagliato e accessibile. Questo è solo un primo sguardo, e nel corso del libro ci immergeremo profondamente in ciascun argomento, offrendoti tutte le informazioni e le spiegazioni necessarie.
Niente verrà lasciato al caso. Ogni aspetto, dalle strutture di controllo alle funzioni, dalle librerie standard alle tecniche di ottimizzazione, sarà esaminato approfonditamente per garantire una comprensione completa. Sarai guidato attraverso esempi pratici per consolidare la tua comprensione.
Il mio obiettivo è rendere il tuo percorso di apprendimento del linguaggio C il più chiaro e progressivo possibile. Sono qui per supportarti e assicurarti di avere le basi solide necessarie per affrontare sfide più avanzate nella programmazione in C.

Quindi, rilassati e preparati a un viaggio di apprendimento approfondito. Sarà un cammino stimolante, ma ne uscirai con una comprensione solida e pratica del linguaggio C.

Continua con fiducia, e sappi che ogni dettaglio verrà affrontato nel momento giusto. Buon viaggio nel mondo della programmazione in C!

Preparazione dell'ambiente di sviluppo

Prima di immergerci nelle profondità del codice, è essenziale stabilire una solida base, preparando un ambiente di sviluppo adeguato. Questo capitolo è dedicato a guidarti attraverso i componenti fondamentali di tale ambiente, strumenti che saranno i tuoi fedeli compagni nel percorso di apprendimento e sviluppo codice.

Inizieremo esplorando il compilatore, lo strumento designato a trasformare il tuo codice sorgente (serie di istruzioni scritte da un utente/programmatore utilizzando un linguaggio di programmazione specifico, nel nostro caso il C) in un programma eseguibile (o libreria), facendo luce sul suo ruolo cruciale e su come sceglierne uno adatto alle tue esigenze. Oltre al compilatore va menzionato il linker, il quale entra in scena per tessere insieme diverse parti del codice, risolvendo i riferimenti a librerie e funzioni in modo che il programma scritto possa funzionare come un'entità coesa.

L'ambiente in cui codifichi, tuttavia, influisce profondamente sulla qualità e sull'efficienza del tuo lavoro. Qui, l'IDE (Integrated Development Environment) si rivela essere un alleato inestimabile. Ti presenterò cosa rende un IDE indispensabile nello sviluppo in C, esplorando le sue funzionalità chiave che possono accelerare il tuo workflow, dalla scrittura del codice al suo debug.

Compilatore e linker: fondamenti

Nel vasto panorama della programmazione, due concetti fondamentali giocano un ruolo cruciale nella trasformazione del codice sorgente in un eseguibile pronto per l'esecuzione o una libreria pronta per la condivisione: il compilatore e il linker.

Questi strumenti sono la chiave di volta della traduzione e dell'organizzazione del codice, garantendo che il software funzioni in modo corretto ed efficiente.

Ruolo fondamentale del compilatore

La compilazione è il primo passo nel processo di trasformazione del codice sorgente scritto in un linguaggio di programmazione in un formato eseguibile per il computer. La sua funzione principale è tradurre il codice sorgente in codice oggetto, che è una rappresentazione binaria (sequenze di bit, cioè di 0 e 1, che possono essere direttamente interpretate e eseguite dal processore del computer) specifica per l'architettura della macchina su cui il programma deve essere eseguito. Durante questa fase, il compilatore analizza il codice sorgente, verifica la correttezza sintattica e semantica e produce il codice oggetto corrispondente.

Fasi della compilazione

Il processo di compilazione si divide generalmente in tre fasi principali:

1. **Analisi lessicale e sintattica**: durante questa fase, il compilatore esamina il codice sorgente per identificare i token e la struttura grammaticale del programma. Eventuali errori di sintassi vengono segnalati in questa fase.
2. **Analisi semantica**: il compilatore verifica la coerenza semantica del codice, assicurandosi che le variabili siano dichiarate correttamente e che le operazioni siano compatibili con i tipi di dati definiti dal linguaggio.
3. **Generazione del codice oggetto**: basandosi sulle informazioni ottenute nelle fasi precedenti, il compilatore genera il codice oggetto, una rappresentazione binaria che può essere compresa ed eseguita dalla macchina di destinazione.

Importanza del Linker

Una volta che il compilatore ha generato il codice oggetto, entra in gioco il linker. Quest'ultimo è responsabile di combinare il codice oggetto del programma principale con il codice oggetto delle librerie esterne, risolvendo i riferimenti simbolici e creando un file eseguibile completo. Inoltre, il linker gestisce anche la risoluzione degli indirizzi, garantendo che tutte le istruzioni nel programma abbiano indirizzi validi in memoria.

<u>Fasi di collegamento</u>

Il collegamento avviene in tre fasi distinte:

1. **Risoluzione dei riferimenti**: durante questa fase cruciale del processo di collegamento, il linker svolge un ruolo fondamentale nell'identificare e risolvere i riferimenti simbolici presenti nel codice oggetto. I riferimenti simbolici si riferiscono a variabili o funzioni che sono dichiarate nel codice sorgente, ma la cui implementazione dettagliata è posticipata fino alla fase di collegamento. In questa fase, il linker si impegna a garantire che tutte le variabili e le funzioni simboliche siano definite e abbiano indirizzi di memoria validi, rendendole accessibili e pronte per l'esecuzione del programma. In sostanza, questa fase è una sorta di risoluzione delle incognite, collegando ciascun simbolo alla sua corretta implementazione nell'ambito del programma complessivo.
2. **Unione dei moduli**: il linker combina il codice oggetto generato dal compilatore con le librerie esterne per creare un unico eseguibile.
3. **Rilocazione degli indirizzi**: il linker aggiusta gli indirizzi nel codice oggetto in modo che corrispondano all'indirizzo finale della memoria in cui il programma sarà caricato.

Gestione delle dipendenze e delle librerie

Un aspetto critico della compilazione e del collegamento è la gestione delle dipendenze e delle librerie. I programmi spesso dipendono da librerie esterne per funzionare correttamente. Il compilatore e il linker devono essere in grado di individuare, collegare e risolvere queste dipendenze, assicurando che tutte le risorse necessarie siano disponibili durante l'esecuzione del programma.

Svantaggi e vantaggi dell'approccio separato

L'adozione di un approccio di compilazione e collegamento separati rappresenta una scelta strategica nello sviluppo del software, portando con sé una serie di vantaggi e svantaggi che meritano un'analisi più approfondita.

<u>Vantaggi:</u>

1. **Modularità avanzata**: l'approccio separato consente una suddivisione efficiente del codice in moduli distinti. Ciascun modulo può essere sviluppato, testato e mantenuto in modo indipendente, fornendo una maggiore modularità al progetto. Questo si traduce in una gestione semplificata del codice, facilitando la collaborazione tra sviluppatori e la manutenzione del software nel tempo.

2. **Facilità di gestione del codice**: la separazione tra la fase di compilazione e di collegamento o linking rende più agevole la gestione delle dipendenze tra i moduli. Gli sviluppatori possono concentrarsi su porzioni specifiche del codice senza dover considerare l'intero programma. Questa caratteristica favorisce una migliore organizzazione del progetto e facilita la comprensione e la manutenzione del codice sorgente.

3. **Flessibilità di ricompilazione**: uno dei principali vantaggi dell'approccio separato è la possibilità di ricompilare solo i moduli che sono stati modificati.

Questo aspetto è particolarmente vantaggioso in scenari di sviluppo iterativo, dove le modifiche possono essere frequenti. Evitando la ricompilazione dell'intero programma, si risparmiano notevoli risorse e si riducono i tempi di sviluppo.

Svantaggi:

- **Aumento dei tempi di compilazione**: la separazione tra compilazione e collegamento può comportare tempi di compilazione più lunghi. Ogni modulo deve essere compilato separatamente e collegato successivamente agli altri, introducendo una fase aggiuntiva nel processo complessivo. Questo può diventare un fattore limitante in progetti di grandi dimensioni o in contesti in cui la velocità di sviluppo è prioritaria.
- **Complessità aggiuntiva**: la gestione di due fasi separate aggiunge una certa complessità al processo di sviluppo. È necessario coordinare attentamente la fase di compilazione e di collegamento per evitare problemi di dipendenza e garantire la corretta esecuzione del programma finale. Questa complessità richiede una pianificazione e una strutturazione del codice più attente.

Il GCC

Il GCC, acronimo di GNU Compiler Collection, rappresenta una componente essenziale nell'ecosistema del software libero. Fondato da Richard Stallman come parte del progetto GNU negli anni '80, il GCC è stato concepito con un obiettivo ambizioso: offrire agli sviluppatori un'alternativa completamente libera ai compilatori proprietari, promuovendo così una maggiore libertà nel mondo del software.

Storia e ideali del progetto GNU

Il progetto GNU è stato avviato da Richard Stallman nel 1984 con l'intenzione di creare un sistema operativo completamente libero. Questo sistema, che comprendeva il GCC, doveva essere non solo funzionale ma anche un baluardo dei diritti degli utenti nel modificare, distribuire e studiare il codice sorgente senza restrizioni. Stallman introdusse la General Public License (GPL), che garantiva queste libertà, influenzando profondamente la cultura del software libero e ponendo le basi etiche e filosofiche del movimento open source. Il GCC, rilasciato nel 1987, è diventato uno strumento fondamentale per lo sviluppo di software libero, permettendo agli sviluppatori di tutto il mondo di contribuire e migliorare i software in modo collaborativo e trasparente.

Architettura modulare e flessibilità

Una delle caratteristiche salienti del GCC è la sua architettura modulare. Questo design permette agli sviluppatori di aggiungere supporto per nuovi linguaggi di programmazione e ottimizzazioni specifiche senza riscrivere l'intero sistema. Questa flessibilità ha reso il GCC particolarmente attraente per progetti che necessitano di supporto per molteplici linguaggi di programmazione, rendendolo una scelta prevalente in ambienti accademici, di ricerca e industriali. Il GCC supporta una vasta gamma di linguaggi, tra cui C, C++, Java, Ada, Fortran e Objective-C, facilitando così lo sviluppo di progetti complessi e multilingue.

Ottimizzazioni e prestazioni

Il GCC è rinomato per le sue capacità avanzate di ottimizzazione del codice. Gli sviluppatori possono scegliere tra diversi livelli di ottimizzazione, equilibrando le esigenze di velocità di compilazione e le prestazioni del software risultante. Queste ottimizzazioni migliorano non solo la velocità di esecuzione del programma ma anche l'efficienza nell'uso delle risorse del sistema, come la memoria. Questi migloramenti sono cruciali, specialmente in sistemi embedded o in applicazioni dove le prestazioni sono critiche.

<u>Supporto per diverse piattaforme</u>

Il supporto esteso per diverse piattaforme hardware e sistemi operativi è una delle forze trainanti del successo del GCC. Questo rende il GCC estremamente versatile, capace di generare codice eseguibile per una vasta gamma di dispositivi, dai microcontrollori ai supercomputer. Questa capacità assicura che il GCC rimanga una scelta popolare per lo sviluppo di software in contesti altamente variabili e tecnologicamente diversificati.

Mingw e MSYS: Contenuti e Utilizzo

MinGW (Minimalist GNU for Windows) e MSYS (Minimal SYStem) rappresentano una coppia di strumenti che portano il mondo dello sviluppo open source su piattaforma Windows. Questi due componenti, quando combinati, forniscono agli sviluppatori un ambiente flessibile e familiare, consentendo loro di sfruttare le potenzialità degli strumenti GNU e di integrare aspetti dell'ecosistema Unix-like in un contesto Windows.

MinGW: Il Cuore della Compilazione su Windows

- <u>GCC e Binutils</u>: Il nucleo di MinGW è rappresentato dal GCC, la rinomata GNU Compiler Collection, che consente la compilazione di codice sorgente in linguaggi come C, C++, e Fortran. Accanto a GCC, MinGW include gli strumenti binutils, tra cui il linker ld e l'assemblatore as, essenziali per il processo di compilazione e linking.

- **Librerie e strumenti aggiuntivi**: Oltre al compilatore e agli strumenti di base, MinGW include librerie e header file che consentono agli sviluppatori di accedere alle funzionalità del sistema operativo Windows. Questo aspetto è cruciale per creare applicazioni che sfruttano appieno le caratteristiche della piattaforma.
- <u>Installazione</u>

    Link: https://www.mingw-w64.org/downloads/

    ### Mingw-builds
    Installation: GitHub

    ▼ Assets 10

File	Size	Date
i686-13.2.0-release-posix-dwarf-msvcrt-rt_v11-rev0.7z	73.3 MB	Oct 2
i686-13.2.0-release-posix-dwarf-ucrt-rt_v11-rev0.7z	73.3 MB	Oct 2
i686-13.2.0-release-win32-dwarf-msvcrt-rt_v11-rev0.7z	73.4 MB	Oct 2
i686-13.2.0-release-win32-dwarf-ucrt-rt_v11-rev0.7z	73.3 MB	Oct 2
x86_64-13.2.0-release-posix-seh-msvcrt-rt_v11-rev0.7z	69.6 MB	Oct 2
x86_64-13.2.0-release-posix-seh-ucrt-rt_v11-rev0.7z	69.6 MB	Oct 2
x86_64-13.2.0-release-win32-seh-msvcrt-rt_v11-rev0.7z	69.7 MB	Oct 2
x86_64-13.2.0-release-win32-seh-ucrt-rt_v11-rev0.7z	69.7 MB	Oct 2
Source code (zip)		May 24
Source code (tar.gz)		May 24

    Clicca sulla versione di tuo interesse, e poi unzippa il download. Dovresti vedere all'interno una cartella /bin con tutti gli strumenti necessari per lo sviluppo.

MSYS: Il Ponte tra Unix-like e Windows

- Shell Unix-like su Windows: MSYS offre un'interfaccia a riga di comando Unix-like su sistemi operativi Windows, creando un ambiente familiare per gli sviluppatori provenienti da un contesto Unix-like. Fornisce una shell interattiva che consente l'utilizzo di comandi tipici di Unix all'interno di un ambiente Windows.
- Utilità del Sistema GNU: MSYS include una serie di utilità del sistema GNU, come comandi di base e strumenti di sistema, fornendo agli sviluppatori una vasta gamma di strumenti per gestire file, directory, e altre operazioni di sistema.
- Gestione delle Dipendenze: Uno dei ruoli chiave di MSYS è semplificare la gestione delle dipendenze durante lo sviluppo. Gli sviluppatori possono utilizzare strumenti come make e autotools in modo simile a quanto farebbero in un ambiente Unix-like, semplificando il processo di configurazione e compilazione.
- Installazione:
  Link: https://www.mingw-w64.org/downloads/

MSYS2

Installation: GitHub

Alternative Toolchain per lo Sviluppo in C

Mentre MinGW (Minimalist GNU for Windows) rimane una scelta popolare per gli sviluppatori che cercano un ambiente di compilazione GNU semplice e diretto per Windows, esistono diverse altre alternative che offrono funzionalità avanzate e un approccio diversificato all'ambiente di sviluppo su questa piattaforma. Di seguito, esploreremo alcune delle opzioni più rilevanti:

1. Cygwin: un ambiente Unix-like per Windows

Cygwin è un potente strumento per gli sviluppatori che desiderano portare l'esperienza Unix su sistemi Windows. Questo ambiente fornisce non solo il compilatore GCC e gli strumenti binutils, ma anche una vasta gamma di librerie e applicazioni tipiche degli ambienti Unix/Linux. Cygwin è particolarmente utile per i progetti che richiedono la compatibilità con script Unix o che necessitano di utilizzare funzionalità POSIX non native di Windows. La sua integrazione di una shell Unix-like e la disponibilità di strumenti comuni come SSH, grep, awk e molti altri, rendono Cygwin un'opzione robusta per un ambiente di sviluppo integrato e flessibile su Windows.

2. WSL (Windows Subsystem for Linux): Un ponte tra Windows e Linux

Introdotto da Microsoft come parte di Windows 10, il Windows Subsystem for Linux (WSL) rappresenta un'innovativa convergenza tra Windows e Linux, permettendo agli utenti di installare e eseguire una o più distribuzioni Linux direttamente all'interno di Windows. Con WSL, gli sviluppatori possono utilizzare software Linux nativo, compresi i compilatori come GCC, ambienti di sviluppo e pacchetti disponibili tramite gestori di pacchetti Linux, tutto ciò senza la necessità di dual-boot o di virtualizzazione pesante. WSL è ideale per progetti che beneficiano delle prestazioni di Linux e degli strumenti nativi, offrendo una significativa integrazione con il file system di Windows e le applicazioni.

3. Clang/LLVM Toolchain: Innovazione nel mondo della compilazione

La toolchain Clang/LLVM rappresenta la frontiera della moderna compilazione di codice. Clang, il compilatore front-end per C, C++ e Objective-C, è noto per la sua compilazione estremamente veloce e l'accurata analisi degli errori. Basato su LLVM, un framework di compilazione modulare e riutilizzabile, Clang è progettato per offrire prestazioni superiori, una migliore compatibilità con gli standard e una maggiore flessibilità nella generazione di codice ottimizzato per diverse architetture hardware. Questa toolchain è particolarmente apprezzata nel sviluppo di software dove l'efficienza del codice e la velocità di compilazione sono critiche.

4. TDM-GCC: GCC con un focus su Windows

TDM-GCC è una variante del tradizionale GCC progettata specificamente per Windows. Questa distribuzione include configurazioni che ottimizzano GCC per l'ambiente Windows, rendendolo un'alternativa più "amichevole" per gli sviluppatori abituati agli strumenti e agli IDE Windows. TDM-GCC è spesso scelto per la sua facilità di installazione e configurazione, oltre a includere miglioramenti e patch che indirizzano specifiche problematiche relative alla compilazione su piattaforme Windows.

La scelta della toolchain dipende dalle esigenze specifiche del progetto, dalle preferenze personali e dalla necessità di integrazione con ambienti specifici. Consiglio di esplorare queste alternative per scoprire quale toolchain si allinea meglio con il proprio flusso di lavoro.

L'ambienti di Sviluppo Integrato (IDE)

Cosa è un IDE?

Un Ambiente di Sviluppo Integrato, comunemente noto come IDE, è un software che offre un insieme completo di strumenti e funzionalità per agevolare lo sviluppo di software. L'IDE unifica diversi aspetti del processo di sviluppo in un'unica interfaccia utente, creando un ambiente coeso e efficiente per lo sviluppatore. Ecco alcuni degli elementi chiave che caratterizzano un IDE:

1. <u>Editor di Codice Integrato</u>: l'IDE fornisce un editor di codice integrato che supporta la scrittura del codice sorgente. Questo editor è spesso arricchito con funzionalità avanzate, come l'evidenziazione della sintassi, il completamento automatico e la formattazione del codice, semplificando il processo di scrittura e lettura del codice.

2. <u>Strumenti di Compilazione e Build</u>: include strumenti per compilare il codice sorgente in linguaggio macchina eseguibile. Questi strumenti gestiscono il processo di traduzione del codice in istruzioni comprensibili dalla macchina su cui verrà eseguito il programma.

3. <u>Debugger Integrato</u>: un debugger integrato consente agli sviluppatori di individuare e correggere errori nel codice durante l'esecuzione del programma. Fornisce funzionalità come l'impostazione di punti di interruzione, l'ispezione delle variabili e la traccia degli stack delle chiamate.

4. <u>Gestione del Progetto</u>: l'IDE offre strumenti per la gestione del progetto, inclusa la creazione, l'organizzazione e la navigazione tra i file del progetto. Questi strumenti semplificano la strutturazione, visualizzazione e la manutenzione dei progetti software complessi.

5. <u>Integrazione con Sistemi di Controllo Versione</u>: spesso integra funzionalità di controllo versione, consentendo agli sviluppatori di gestire le modifiche al codice e collaborare efficacemente in un team. Può supportare sistemi di controllo versione come Git, SVN, o altri.

6. <u>Strumenti di Analisi del Codice</u>: alcuni IDE includono strumenti di analisi statica del codice che aiutano a individuare potenziali errori o migliorare la qualità del codice attraverso suggerimenti automatici.

7. <u>Supporto per Linguaggi Specifici</u>: molti IDE sono progettati per supportare specifici linguaggi di programmazione. Ad esempio, esistono IDE dedicati a linguaggi come C, C++, Java, Python e molti altri, offrendo strumenti e funzionalità mirati alle esigenze di ciascun linguaggio.
8. <u>Personalizzazione dell'Ambiente</u>: l'IDE spesso consente di personalizzare l'ambiente di lavoro secondo le proprie preferenze. Ciò include la configurazione dell'aspetto dell'IDE, la scelta di temi visivi e la definizione di scorciatoie da tastiera personalizzate.

Configurazione di un IDE

La configurazione dell'ambiente di sviluppo integrato riveste un ruolo fondamentale nel garantire un flusso di lavoro efficiente e ottimizzato per gli sviluppatori impegnati nella scrittura di codice in linguaggio C.

Sono disponibili una varietà di ambienti di sviluppo integrati (IDE) e editor di testo configurabili. Tra questi troviamo:

- Eclipse CDT: un IDE potente e personalizzabile, ampiamente utilizzato per lo sviluppo C/C++.
- Code::Blocks: un IDE specifico per C/C++ che è leggero ma potente, adatto per progetti di piccole e medie dimensioni.
- CLion: sviluppato da JetBrains, offre un'esperienza di sviluppo completa e integrata per C/C++, ma richiede una licenza a pagamento.
- NetBeans: inizialmente più focalizzato su Java, offre supporto solido anche per C/C++.
- Visual Studio: l'IDE di Microsoft, molto potente per lo sviluppo Windows in C/C++, ma può essere piuttosto pesante.

Oltre a questi, menziono Visual Studio Code (VS Code), il mio preferito. VS Code combina la leggerezza e la velocità di un editor di testo con le funzionalità avanzate di un IDE, rendendolo estremamente versatile e adatto allo sviluppo in C, specialmente quando abbinato alla toolchain MinGW su Windows.

Il tuo primo primo programma

In questo capitolo, sarai guidato attraverso la creazione del tuo primo programma in C: il classico "Hello, World!".

Un programma in C è composto da funzioni e dichiarazioni di variabili e definizioni di altri elementi, che esamineremo nel dettaglio nei prossimi capitoli. La funzione principale *main()* è il punto di ingresso di ogni programma in C. Quando il tuo programma viene eseguito, è la funzione *main()* che viene chiamata per prima.

Non preoccuparti se non hai ancora chiaro il concetto di funzione. Ora l'obiettivo è mostrare come creare un semplice programma, e successivamente analizzeremo nel dettaglio ogni aspetto del linguaggio. Per ora ti basta sapere che ogni programma eseguibile deve avere una funzione main al suo interno.

Scrivere il programma

La creazione del tuo primo programma in C è un passo fondamentale nel tuo percorso di apprendimento del linguaggio di programmazione C. In questa sezione, esploreremo in dettaglio come scrivere e salvare un semplice programma che stampa "Hello World!" sulla console (interfaccia testuale che permette all'utente di interagire con il sistema operativo o con i programmi in esecuzione). Questo programma è tradizionalmente il primo esercizio per chiunque inizi a imparare un nuovo linguaggio di programmazione, poiché illustra i concetti basilari in modo chiaro e conciso.

Preparazione dell'ambiente di sviluppo

Prima di iniziare a scrivere codice, avrai bisogno di un ambiente in cui lavorare:

- Editor di Testo: se hai letto il capitolo precedente, avrai installato sul tuo pc un IDE; altrimenti uoi utilizzare qualsiasi editor di testo semplice, come Notepad su Windows, TextEdit su macOS in modalità testo puro, o Gedit su Linux.
- Terminale o Prompt dei Comandi: dovrai avere accesso a un terminale su macOS o Linux, o al prompt dei comandi o PowerShell su Windows, per poter compilare ed eseguire il tuo programma.

Il Codice Sorgente

- Apertura dell'Editor di Testo: Avvia l'editor di testo che hai scelto e preparati a digitare il tuo codice.
- Inserimento del Codice:
  Copia il seguente codice sorgente nell'editor:

```
#include <stdio.h>

int main() {
    printf("Hello, World!\n");
    return 0;
}
```

Spiegazione del Codice:

- #include <stdio.h>: Questa riga è una direttiva del preprocessore che dice al compilatore di includere il contenuto del file di intestazione standard *stdio.h*. Questo file fornisce le dichiarazioni necessarie per eseguire operazioni di input e output, come la stampa di testo sulla console.
- int main() { ... }: Definisce la funzione *main()*, che è il punto di ingresso del programma. Il tipo di ritorno *int* indica che la funzione restituirà un valore intero al sistema operativo al suo completamento.

- printf("Hello, World!\n");: La funzione *printf()* è usata per stampare il testo "Hello, World!" seguito da una nuova linea sulla console. Questa funzione è dichiarata in *stdio.h*, motivo per cui è necessario includere tale file all'inizio del programma.
- return 0;: Indica la terminazione con successo del programma. Restituire 0 dalla funzione *main()* comunica al sistema operativo che il programma è terminato correttamente.

Salvataggio del File

Salva il tuo file con un nome significativo e l'estensione .c, ad esempio *hello_world.c*. Questo identifica il file come codice sorgente C, che può essere compilato da un compilatore C.

Compilare il Programma

Per trasformare il tuo codice sorgente in un programma eseguibile, devi compilare il file *hello_world.c*. Apri un terminale o un prompt dei comandi e naviga nella directory dove hai salvato il file. Digita il seguente comando:

```
gcc hello_world.c -o hello_world
```

Questo comando dice al GCC di compilare il file *hello_world.c* e di generare un file eseguibile chiamato *hello_world* (in Windows vedrai un file con estensione .exe).

Punti Chiave

- Assicurati che il codice sia esattamente come mostrato, inclusi i caratteri di punteggiatura e le maiuscole. Anche un piccolo errore, come un punto e virgola mancante, può causare un errore di compilazione.

- La funzione *printf()* può essere utilizzata per stampare vari tipi di dati, non solo stringhe. L'uso di \n alla fine della stringa è un carattere di escape che indica una nuova linea, assicurandosi che qualsiasi output successivo appaia su una nuova riga.

Concludendo, scrivere un programma in C, anche uno semplice come "Hello, World!", introduce concetti fondamentali come le funzioni, le direttive di preprocessore e la gestione dell'output. Familiarizzare con questi elementi ti preparerà per esplorare aspetti più complessi del linguaggio.

Probabilmente, quanto mostrato in questo capitolo potrebbe sembrarti ancora piuttosto confuso. Non preoccuparti: nei prossimi capitoli analizzeremo ogni concetto nel dettaglio. A partire dal prossimo capitolo, ci concentreremo sugli stadi di compilazione, un argomento che considero fondamentale per una comprensione completa della programmazione in C. Questi stadi ti aiuteranno a capire come il codice sorgente viene trasformato in un programma eseguibile, fornendoti le basi necessarie per diventare un programmatore esperto in C.

Gli stage di compilazione

Il processo di compilazione riveste un ruolo cruciale nel trasformare il codice sorgente in un eseguibile funzionante. La complessità di questo processo è talmente intricata che, in questo contesto, ci limiteremo a una panoramica, senza addentrarci troppo nei dettagli specifici.

Il compilatore che guiderà il nostro viaggio attraverso questa intricata rete di trasformazioni è il *GNU Compiler Collection*, meglio conosciuto come *gcc*. Questo strumento, ampiamente diffuso e utilizzato nella comunità di sviluppatori, si distingue per la sua robustezza e la sua capacità di gestire il linguaggio C con maestria.

Gli step che compongono il processo di compilazione con *gcc* sono molteplici e, in quanto tali, contribuiscono in maniera sinergica alla creazione di un programma eseguibile. Ma, prima di immergerci in questa serie di trasformazioni, è importante sottolineare che, in questo capitolo, ci concentreremo su una visione più ampia, evitando di affogare il lettore in aspetti dettagliati che potrebbero risultare eccessivamente tecnici.

È sempre utile tracciare paralleli con il mondo reale quando ci approcciamo a concetti che a prima vista possono sembrare ardui. Immaginiamo il compilatore come un regista di uno spettacolo teatrale di grande complessità, dove ogni elemento del linguaggio C rappresenta un attore che deve essere sapientemente coordinato all'interno dell'ambito della realizzazione di un'opera eseguibile. Tale opera, una volta finalizzata, dà vita al programma, consentendogli di assumere il suo ruolo sul grande palco dell'elaborazione dati e dell'esecuzione di istruzioni.

Questo capitolo mira ad offrire una panoramica di questa danza complessa, focalizzandosi sui momenti chiave del processo di compilazione in C, sotto la guida esperta del gcc. L'obiettivo è comprendere come, attraverso una serie di fasi ben orchestrate, si giunga alla creazione di un file eseguibile - noto come .out in ambiente Unix e .exe in ambiente Windows.

Di seguito è mostrata un'illustrazione che delinea il percorso di generazione di un file eseguibile, offrendo una visione schematica di questo processo.

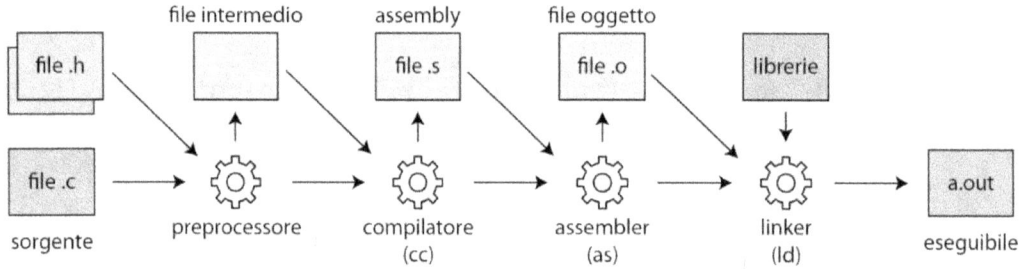

Preprocessamento

Il preprocessamento in C rappresenta una fase preliminare cruciale nel processo di compilazione, agendo prima della compilazione effettiva del codice. Questo stadio manipola e prepara il codice sorgente, influenzando direttamente il risultato finale senza modificare il flusso logico del programma. La comprensione di questa fase è fondamentale per coloro che vogliono sfruttare appieno le capacità del linguaggio C.

Funzionalità Principali del Preprocessore

Il preprocessore esegue una varietà di operazioni basate su direttive specifiche, che sono istruzioni nel codice sorgente indicate da un simbolo di cancelletto (#). Queste operazioni includono:

- Espansione dei Macro: i macro sono essenzialmente snippet di codice che possono essere definiti e riutilizzati all'interno del codice sorgente. Questi consentono di scrivere codice più compatto e facilmente manutenibile. Un esempio comune è la definizione di costanti o funzioni "inline" attraverso macro.

- Inclusione di File: la direttiva #include permette di inserire il contenuto di un file nel punto in cui appare la direttiva. Questo è fondamentale per la gestione delle librerie e la separazione del codice in più file, facilitando la modularità e la riutilizzabilità.
- Condizionamento della Compilazione: le direttive condizionali (#if, #ifdef, #ifndef, #endif, ecc.) consentono di includere o escludere parti di codice in base a condizioni specifiche. Questo meccanismo è utile per la compilazione condizionale di codice specifico per piattaforma o per la definizione di blocchi di codice debug.

Processo di Preprocessamento

Il processo inizia quando il compilatore C incontra una direttiva di preprocessamento nel codice sorgente. Queste direttive, come già accennato nella sezione precedente, sono facilmente riconoscibili poiché iniziano con il simbolo #. Il preprocessore esegue quindi tutte le operazioni richieste prima di passare il codice modificato alla fase successiva della compilazione.

Uno dei vantaggi del preprocessamento è la sua capacità di ridurre la complessità del codice sorgente, espandendo i macro e includendo file dove necessario, rendendo il codice più leggibile e mantenibile. Inoltre, permette agli sviluppatori di scrivere codice condizionale che può essere compilato in modi diversi a seconda delle necessità, come per differenti piattaforme hardware o per attivare modalità di debug.

Esempio di Preprocessamento

Consideriamo il seguente semplice esempio per illustrare il preprocessamento in azione:

```c
#include <stdio.h>
#define PI 3.14159

int main() {
    double raggio = 5.0;
    double area = PI * raggio * raggio;
    printf("L'area del cerchio è: %f\n", area);
    return 0;
}
```

In questo codice:

- La direttiva #include <stdio.h> istruisce il preprocessore ad includere il contenuto del file di intestazione stdio.h, che contiene le definizioni standard per le operazioni di input/output, come printf.
- La direttiva #define PI 3.14159 definisce un macro PI che viene sostituito con 3.14159 ovunque appaia nel codice.

Durante il preprocessamento, il preprocessore esegue queste operazioni, risultando in un codice sorgente modificato che viene poi passato alla fase di compilazione vera e propria.

Compilazione

Dopo il preprocessamento, il codice sorgente C entra nella fase di compilazione vera e propria, un processo critico che traduce il codice sorgente preprocessato in linguaggio assembly. Questa fase rappresenta un passaggio fondamentale nel ciclo di vita dello sviluppo del software, dove il codice diventa più vicino all'esecuzione da parte della macchina, pur rimanendo in una forma che è generalmente leggibile dall'uomo. La compilazione può essere vista come il cuore del processo di trasformazione del codice, che abbraccia analisi, traduzione e ottimizzazione.

Analisi del Codice

La fase di compilazione inizia con l'analisi del codice sorgente, che può essere suddivisa in analisi lessicale, sintattica e semantica:

- Analisi Lessicale: in questa sottofase, il compilatore trasforma il flusso di caratteri del codice sorgente in una sequenza di token. I token sono gli elementi costitutivi del linguaggio, come identificatori, parole chiave, costanti, operatori, e simboli di punteggiatura.
- Analisi Sintattica: successivamente, l'analisi sintattica organizza i token in strutture gerarchiche conformemente alla sintassi del linguaggio, generalmente rappresentate mediante un albero sintattico astratto (AST). L'AST riflette la struttura logica del codice, delineando come i vari costrutti del linguaggio (funzioni, istruzioni condizionali, cicli, ecc.) sono organizzati e annidati l'uno nell'altro.
- Analisi Semantica: questa fase verifica la correttezza del codice rispetto alle regole semantiche del linguaggio. Si assicura, ad esempio, che le variabili siano dichiarate prima dell'uso, che le funzioni siano chiamate con il numero e tipo corretto di argomenti, e che le operazioni siano eseguibili sui tipi di dati a cui sono applicate.

Traduzione in Linguaggio Assembly

Dopo l'analisi, il compilatore procede con la traduzione dell'AST in codice assembly. Questa traduzione mappa le strutture e le operazioni del codice sorgente in istruzioni che possono essere comprese e eseguite dalla CPU, pur mantenendo una forma leggibile per gli sviluppatori. Il linguaggio assembly è specifico per ogni architettura di processore, pertanto questa fase del processo di compilazione è influenzata dal tipo di CPU su cui il software è destinato a essere eseguito.

Ottimizzazione del Codice

Durante o dopo la traduzione in linguaggio assembly, il compilatore può eseguire varie ottimizzazioni per migliorare l'efficienza del codice generato. Queste ottimizzazioni possono ridurre il tempo di esecuzione del programma, il suo consumo di memoria, o entrambi, e possono includere:

- Eliminazione del Codice Morto: rimozione di parti di codice che non influenzano il risultato del programma (ad esempio, variabili non utilizzate o codice non raggiungibile).
- Unrolling dei Cicli: trasformazione dei cicli per ridurre il sovraccarico dovuto alla valutazione delle condizioni e all'incremento delle variabili di ciclo.
- Riallocazione dei Registri: assegnazione delle variabili ai registri della CPU in modo efficiente per minimizzare l'accesso alla memoria.
- Inline Expansion: sostituzione delle chiamate a funzioni di piccole dimensioni con il loro corpo, per evitare il sovraccarico dovuto alla chiamata di funzione.

Assemblaggio

Dopo il preprocessamento e la compilazione, il processo di compilazione in C prosegue con la fase di assemblaggio. Questo stadio segue immediatamente la compilazione e precede la fase di collegamento (linking). Durante l'assemblaggio, il codice sorgente in linguaggio assembly, solitamente contenuto in file con estensione .s, viene tradotto in codice macchina, generando un file oggetto con estensione .o.

Questo processo è essenziale per convertire le istruzioni di alto livello, comprensibili agli sviluppatori ma non direttamente eseguibili dalla macchina, in una forma che la CPU può eseguire.

Il processo di assemblaggio prende in input il codice scritto in linguaggio assembly e lo traduce in codice macchina, un insieme di istruzioni binarie che la CPU può interpretare ed eseguire. Ogni istruzione assembly viene convertita in una o più istruzioni binarie specifiche dell'architettura target. Questo processo richiede una conoscenza dettagliata del set di istruzioni della CPU e di come le varie istruzioni manipolano i registri e la memoria.

Il Ruolo dell'Assembler

L'assemblatore è il programma che esegue l'assemblaggio. Funziona analizzando il codice assembly, risolvendo i riferimenti a etichette (label) e variabili, e convertendo le istruzioni mnemoniche e le direttive in codice macchina.

Ad esempio, un'istruzione assembly potrebbe apparire come:

```
mov eax, 42
```

Questa istruzione assegna il valore 42 al registro eax. Anche se la sintassi è più vicina all'hardware della macchina, è ancora relativamente comprensibile rispetto al linguaggio macchina binario corrispondente.

Gli assemblatori possono operare in modalità a singolo passaggio o a doppio passaggio:

- Assemblatori a Singolo Passaggio: processano il codice assembly in una sola attraversata, il che richiede che tutte le etichette siano definite prima di essere utilizzate.

- Assemblatori a Doppio Passaggio: effettuano due letture del codice sorgente. La prima per raccogliere le definizioni di tutte le etichette e la seconda per tradurre le istruzioni e risolvere i riferimenti.

Generazione dei File Oggetto

Il risultato dell'assemblaggio è un file oggetto (.o), che contiene il codice macchina insieme a informazioni aggiuntive necessarie per il collegamento, come le tabelle dei simboli. Queste tabelle elencano i nomi e gli indirizzi di variabili e funzioni, sia definiti all'interno del file oggetto sia riferiti ma definiti altrove, facilitando così la risoluzione dei riferimenti durante la fase di collegamento.

Collegamento (linking)

Dopo le fasi di preprocessamento, compilazione e assemblaggio, il processo di compilazione in C raggiunge il suo apice nello stadio di linking.

Il linking, o collegamento gioca un ruolo critico nella creazione di un programma eseguibile o di una libreria condivisa. Dopo che il codice sorgente è stato preprocessato, compilato in linguaggio assembly, e assemblato in codice macchina producendo file oggetto (.o o .obj), il linker entra in azione. Il suo compito è di unire questi file oggetto insieme a eventuali librerie esterne richieste, risolvendo i riferimenti incrociati tra essi per generare un file eseguibile (ad esempio, .exe su Windows o un file senza estensione su sistemi UNIX-like) o una libreria (come .dll su Windows o .so su Linux).

Funzioni Principali del Linker

Il processo di linking risolve due questioni principali:

- Risoluzione dei Simboli: identifica e associa i riferimenti ai simboli (funzioni, variabili) nei vari file oggetto e librerie con le relative definizioni. Un simbolo può essere definito in un file oggetto e riferito in un altro; il linker determina l'indirizzo di ogni simbolo e aggiorna i riferimenti in modo che puntino all'indirizzo corretto.
- Combinazione di File Oggetto e Librerie: unisce i diversi file oggetto e librerie statiche o dinamiche richieste dal programma in un unico file eseguibile o libreria. Durante questo processo, il linker può anche eliminare parti di codice non utilizzate (dead code) dalle librerie statiche.

Tipi di Linking

Il linking, essenziale nel processo di creazione di software eseguibile, si biforca in due metodologie principali: il linking statico e il linking dinamico. Queste due tecniche differiscono significativamente nel modo in cui gestiscono le dipendenze e le librerie durante la generazione del file eseguibile finale. La scelta tra linking statico e dinamico influenza la distribuzione, l'esecuzione e la manutenzione del software.

- <u>Linking Statico</u>

Nel linking statico, il codice delle librerie richieste dal programma viene letteralmente "incorporato" nel file eseguibile finale. Quando il linker processa il programma, cerca le librerie specificate come dipendenze, copiando il loro contenuto direttamente all'interno dell'eseguibile.

Vantaggi:

- Indipendenza: l'eseguibile non dipende da librerie esterne al momento dell'esecuzione, rendendo la distribuzione e l'esecuzione più semplici in ambienti diversi senza la necessità di gestire dipendenze aggiuntive.

- Stabilità: la versione delle librerie usate è fissata e integrata nell'eseguibile, eliminando il rischio che aggiornamenti delle librerie esterne possano causare incompatibilità o malfunzionamenti.

Svantaggi:

- Dimensioni del File: il file eseguibile risultante è più grande, poiché contiene tutto il codice delle librerie utilizzate.
- Aggiornamenti e Manutenzione: eventuali aggiornamenti di sicurezza o funzionali nelle librerie richiedono la ricompilazione e la redistribuzione dell'intero programma.

- <u>Linking Dinamico</u>

Contrariamente al linking statico, il linking dinamico mantiene le dipendenze esterne separate dall'eseguibile. Le librerie dinamiche (.dll su Windows o .so su sistemi basati su Unix) vengono caricate in memoria dal sistema operativo al momento dell'esecuzione del programma. L'eseguibile contiene riferimenti a queste librerie esterne, ma non il loro codice direttamente.

Vantaggi:

- Riduzione delle Dimensioni: gli eseguibili sono più piccoli, poiché contengono solo il codice necessario per collegarsi alle librerie esterne al momento dell'esecuzione.
- Condivisione e Efficienza della Memoria: le librerie dinamiche possono essere condivise tra più programmi eseguiti contemporaneamente, riducendo l'uso complessivo della memoria.
- Facilità di Aggiornamento: le librerie dinamiche possono essere aggiornate senza la necessità di ricompilare o ridistribuire i programmi che le

utilizzano, facilitando la gestione degli aggiornamenti, specialmente per correzioni di sicurezza.

Svantaggi:

- Dipendenza dall'Ambiente di Esecuzione: la disponibilità delle versioni appropriate delle librerie dinamiche è cruciale. Mancanze o incompatibilità delle librerie nel sistema ospitante possono impedire l'esecuzione del programma.
- Complessità di Distribuzione: sebbene l'eseguibile sia più piccolo, la gestione delle dipendenze diventa più complessa, specialmente in sistemi dove il gestore di pacchetti non risolve automaticamente queste dipendenze.

Processo di Linking

Il processo di linking segue vari passaggi:

- Raccolta: il linker raccoglie tutti i file oggetto e le librerie specificate dall'utente o dal sistema di build e li prepara per l'analisi.
- Risoluzione dei Simboli: scansiona i file oggetto e le librerie per mappare ogni riferimento a simbolo (come una chiamata a funzione o una variabile globale) alla sua definizione.
- Riallocazione: aggiusta i riferimenti ai simboli all'interno dei file oggetto per riflettere la loro posizione nel file eseguibile finale. Ciò è necessario poiché l'indirizzo di un simbolo può cambiare a seconda di dove e come i file oggetto sono combinati.

- Ottimizzazione (opzionale): effettua ottimizzazioni finali, come la rimozione del codice non raggiungibile o l'inline di funzioni dalle librerie, per migliorare le prestazioni o ridurre le dimensioni del file eseguibile.
- Scrittura del File Eseguibile: genera il file eseguibile o la libreria, incorporando il codice macchina, i dati, e le informazioni necessarie per il caricamento del programma da parte del sistema operativo.

Esempio: generazione di un programma eseguibile

In questa sezione viene illustrato un esempio completo delle fasi di compilazione utilizzando un semplice programma scritto in C. Il processo sarà esaminato passo dopo passo, dalla scrittura del codice fino al linking, utilizzando il compilatore GCC, che a questo punto dell'apprendimento avrai installato sul tuo PC. Prenderemo come esempio un programma che calcola l'area di un cerchio, per mantenere le cose semplici ma significative.

Passo 1: Scrivere il Codice Sorgente

Iniziamo creando un file di codice sorgente in C. Salviamo il codice seguente in un file chiamato area_cerchio.c.

```c
#include <stdio.h>
#define PI 3.14159

double calcolaArea(double raggio) {
    return PI * raggio * raggio;
}

int main() {
    double raggio = 5.0;
    double area = calcolaArea(raggio);
    printf("L'area del cerchio con raggio %.2f è %.2f\n", raggio, area);
    return 0;
```

}

Passo 2: Preprocessamento

Il preprocessamento è il primo passo eseguito dal compilatore, che elabora le direttive #include, #define, e altre direttive del preprocessore. In questo esempio, #include <stdio.h> indica al preprocessore di includere il contenuto del file di intestazione standard per le funzioni di input/output, e #define PI 3.14159 definisce un macro per il valore di Pi. Normalmente, non si invoca esplicitamente il preprocessore; esso viene eseguito automaticamente dal compilatore.

Passo 3: Compilazione in Codice Assembly

Il compilatore GCC trasforma il codice sorgente preprocessato in codice assembly. Questo passaggio può essere visualizzato utilizzando il seguente comando in un terminale:

```
gcc -S area_cerchio.c
```

Questo comando crea un file area_cerchio.s contenente il codice assembly generato dal compilatore.

Passo 4: Assemblaggio in Codice Macchina

Il passo successivo è l'assemblaggio del codice assembly in codice macchina, generando un file oggetto. Anche questo viene gestito automaticamente da GCC, ma per scopi didattici, è possibile eseguirlo esplicitamente con:

```
gcc -c area_cerchio.s
```

Questo produce un file area_cerchio.o, un file oggetto che contiene il codice macchina ma non è ancora un programma eseguibile.

Passo 5: Linking

Infine, il linker è invocato dal compilatore per unire il file oggetto con le librerie necessarie per creare il programma eseguibile. Se il codice sorgente fa riferimento a funzioni standard come printf, il linker incorpora queste referenze dal file oggetto della libreria standard del C. Questo può essere fatto con:

```
gcc area_cerchio.o -o area_cerchio
```

Questo comando genera il file eseguibile area_cerchio (su Windows, sarebbe area_cerchio.exe).

Comando Singolo

In pratica, tutti questi passaggi possono essere eseguiti in una sola volta con il comando:

```
gcc area_cerchio.c -o area_cerchio
```

Questo comando compila, assembla e linka il programma in un unico passaggio, generando l'eseguibile area_cerchio.

Esecuzione del Programma

Dopo il completamento del processo di linking, si ottiene un file eseguibile che è pronto per essere eseguito sul sistema. Tuttavia, affinché il programma venga effettivamente eseguito, deve prima essere caricato nella memoria del sistema. Questo è dove entra in gioco il ruolo del loader (caricatore).

Per eseguire il programma su un sistema Unix/Linux, utilizzi il comando:

```
./area_cerchio
```

Questo comando dice al sistema operativo di avviare il programma area_cerchio. A questo punto, il sistema operativo invoca il loader, che ha il compito di caricare il file eseguibile dalla memoria di archiviazione (come un disco rigido o SSD) nella memoria RAM del sistema.

Il loader svolge diverse funzioni critiche durante il processo di caricamento:

- Lettura dell'Eseguibile: il loader legge il file eseguibile dal sistema di archiviazione e determina quali parti del programma devono essere caricate in memoria.
- Allocare la Memoria: assegna spazio nella memoria fisica del sistema per il codice del programma, i dati e lo stack. Questo include anche la risoluzione di qualsiasi indirizzo virtuale utilizzato nel codice in indirizzi fisici effettivi.
- Caricare le Dipendenze: se il programma fa uso di librerie dinamiche (come discusso nella sezione sul linking dinamico), il loader si occupa anche di caricare queste librerie in memoria.
- Preparazione all'Esecuzione: imposta il puntatore di istruzione iniziale del programma, che indica alla CPU dove iniziare l'esecuzione del programma.
- Passaggio di Controllo al Programma: infine, il loader passa il controllo al programma, permettendogli di eseguire.

Una volta che il loader ha completato il suo lavoro, il controllo viene trasferito al codice del programma, che inizia ad eseguire dalla funzione main(). In questo esempio, il programma calcola l'area di un cerchio dato il raggio e stampa il risultato utilizzando la funzione printf().

Quando il programma viene eseguito, l'output viene visualizzato sul terminale. Per il nostro programma area_cerchio, l'output sarà simile a:

```
L'area del cerchio con raggio 5.00 è 78.54
```

Questo output è il risultato dell'esecuzione delle istruzioni del programma, che calcolano l'area di un cerchio basandosi sul valore del raggio definito nel codice e utilizzando la costante PI.

Bit, Byte e sistema di rappresentazione

Quando si inizia a programmare in C, è essenziale comprendere i concetti di bit e byte. Questi elementi costituiscono le unità fondamentali per la rappresentazione e la manipolazione dei dati all'interno di un computer. In questo capitolo, esploreremo cosa sono i bit e i byte, il loro ruolo nella memoria e nell'elaborazione dei dati, e concetti correlati come LSB, MSB, Little Endian e Big Endian.

Cos'è un bit?

Un bit, abbreviazione di "binary digit", è la più piccola unità di informazione in un computer e può assumere solo due valori: 0 o 1. Nonostante la sua apparente semplicità, il bit è fondamentale per il funzionamento di tutti i sistemi informatici.

Caratteristiche del Bit

Valori Binari

I due valori possibili di un bit (0 e 1) formano il sistema binario, che è alla base della rappresentazione dei dati in un calcolatore. Questo sistema è ideale per i computer perché si adatta perfettamente alla loro natura elettronica, in cui i circuiti possono facilmente distinguere tra due stati: acceso e spento.

Bit e Logica Booleana

I bit sono strettamente legati alla logica booleana, che è un ramo dell'algebra che si occupa di valori di verità (vero o falso). Le operazioni logiche di base come AND,

OR, e NOT operano su bit e sono fondamentali per la costruzione di circuiti logici e algoritmi di programmazione.

Operazioni Logiche sui Bit

- AND: L'operazione AND tra due bit restituisce 1 solo se entrambi i bit sono 1.
- OR: L'operazione OR tra due bit restituisce 1 se almeno uno dei bit è 1.
- NOT: L'operazione NOT inverte il valore di un bit, trasformando 0 in 1 e 1 in 0.

Bit in memoria e trasmissione

Memorizzazione

I bit sono utilizzati per memorizzare informazioni nella memoria del computer. Ogni bit rappresenta una piccola parte di un dato più grande. Ad esempio, un byte è composto da 8 bit e un kilobyte è composto da 1024 byte.

Trasmissione

I bit sono anche la base della trasmissione dei dati. Durante la comunicazione digitale, i dati vengono trasmessi come una sequenza di bit attraverso vari mezzi, come cavi, onde radio o fibre ottiche. La velocità di trasmissione è spesso misurata in bit al secondo (bps).

Esempi di Utilizzo dei Bit

- Esempio 1: Controllo dei dispositivi

I bit possono essere utilizzati per controllare dispositivi elettronici. Ad esempio, un microcontrollore può utilizzare bit per accendere e spegnere luci LED, leggere sensori, o comunicare con altri dispositivi. Ogni bit in un registro di controllo può rappresentare lo stato (acceso/spento) di un particolare componente.

- Esempio 2: Codifica dei caratteri

Nel sistema di codifica ASCII, ogni carattere è rappresentato da un byte (8 bit). Ad esempio, il carattere 'A' è rappresentato dalla sequenza di bit 01000001. Questo sistema permette di rappresentare fino a 256 caratteri differenti, sufficienti per il testo scritto in lingua inglese e simboli comuni.

- Esempio 3: Grafica digitale

In un'immagine digitale, ogni pixel può essere rappresentato da una combinazione di bit. Ad esempio, in una semplice immagine in bianco e nero, un singolo bit può rappresentare un pixel (0 per bianco, 1 per nero). In immagini a colori, vengono utilizzati più bit per rappresentare le diverse componenti di colore (rosso, verde, blu).

Importanza dei Bit

Base dell'Informazione Digitale

I bit sono la base di tutta l'informazione digitale. Ogni dato o istruzione che un computer elabora è rappresentato come una sequenza di bit. Questa rappresentazione binaria permette ai computer di eseguire operazioni complesse e di memorizzare grandi quantità di informazioni in modo efficiente.

Controllo Hardware

La manipolazione diretta dei bit permette di controllare specifici circuiti elettronici. Questa capacità di controllo a livello di bit è essenziale per la programmazione di basso livello e per l'ottimizzazione delle prestazioni dei sistemi hardware.

Efficienza e Prestazioni

L'uso efficiente dei bit consente di risparmiare spazio di memoria e di migliorare le prestazioni dei programmi. Ad esempio, la compressione dei dati spesso si basa sulla manipolazione dei bit per ridurre la quantità di spazio necessario per memorizzare le informazioni.

Cos'è un byte?

Un byte è un'unità di misura di dati digitale che consiste in una sequenza di 8 bit consecutivi. Ogni bit all'interno di un byte può assumere uno dei due valori possibili, 0 o 1. Questa sequenza di bit forma una rappresentazione binaria dei dati, dove ogni combinazione di bit rappresenta un valore numerico, un carattere, o un altro tipo di informazione.

Struttura di un byte

Un byte è composto da 8 bit disposti in una sequenza lineare. Ogni bit ha una posizione specifica all'interno del byte, che determina il suo valore secondo la potenza di 2 corrispondente:

Il bit più a destra è il bit meno significativo (LSB, Least Significant Bit), che rappresenta $2^0 = 1$.

Il bit più a sinistra è il bit più significativo (MSB, Most Significant Bit), che rappresenta $2^7 = 128$.

La capacità di rappresentazione di un byte è di 2^8 valori distinti, che corrispondono a 256 combinazioni binarie. Questo permette al byte di rappresentare una vasta gamma di dati, tra cui numeri interi, caratteri, istruzioni di macchina e altre informazioni.

Applicazioni del byte

Rappresentazione dei Numeri

Uno dei utilizzi più comuni del byte è per la rappresentazione dei numeri. Un byte può rappresentare numeri interi compresi tra 0 e 255 (o -128 a 127 se si utilizza la rappresentazione con segno).

- Unsigned Byte: Se tutti gli 8 bit di un byte sono usati per rappresentare numeri interi non negativi, il range va da 0 a 255.
- Signed Byte: Se il bit più a sinistra viene usato per il segno (0 per positivo, 1 per negativo), il range diventa da -128 a 127.

Codifica dei caratteri

Nel contesto della codifica dei caratteri, come ad esempio ASCII (American Standard Code for Information Interchange), ogni carattere alfanumerico è rappresentato da un byte. Questo permette di rappresentare fino a 256 caratteri differenti, che includono lettere maiuscole e minuscole, numeri, simboli di punteggiatura e caratteri speciali.

Istruzioni di Macchina

Nelle architetture dei computer, le istruzioni di macchina e i dati sono spesso rappresentati in byte o in multipli di byte (come parole di 2, 4 o 8 byte). Ogni istruzione di macchina è codificata in una sequenza specifica di byte, dove ogni byte rappresenta un'operazione, un operando, o un indirizzo di memoria.

Memoria e Archiviazione

Nei sistemi di memoria e archiviazione, l'informazione è spesso organizzata in unità di byte. La memoria di accesso casuale (RAM) e i dispositivi di archiviazione a lungo termine (come dischi rigidi e SSD) memorizzano e recuperano dati in blocchi di byte.

Dimensioni e multipli del byte

Kilobyte (KB)

Un kilobyte equivale a 1024 byte. È spesso utilizzato per descrivere la dimensione dei file e la capacità di memoria.

Megabyte (MB)

Un megabyte equivale a 1024 kilobyte, o circa un milione di byte. È una misura comune per la capacità di archiviazione e la trasmissione di dati.

Gigabyte (GB)

Un gigabyte equivale a 1024 megabyte, o circa un miliardo di byte. È utilizzato per descrivere la capacità di archiviazione dei moderni dispositivi informatici.

Terabyte (TB)

Un terabyte equivale a 1024 gigabyte, o circa un trilione di byte. È utilizzato per descrivere la capacità di archiviazione dei grandi server e data center.

Sistemi di rappresentazione binario, decimale ed esadecimale

Nei sistemi informatici, la rappresentazione dei dati avviene utilizzando diversi sistemi numerici, tra cui il binario, il decimale e l'esadecimale. Comprendere questi sistemi e la loro conversione è fondamentale per la programmazione e l'architettura dei computer. Questa sezione esplorerà in dettaglio ciascun sistema numerico, fornendo esempi e trucchi pratici per passare da un sistema all'altro.

Binario

Il sistema binario è alla base di tutta l'informazione digitale nei computer. Come già detto in precedenza, utilizza due cifre, 0 e 1, per rappresentare i dati.

Conversione da Binario a Decimale:

Per convertire un numero binario in decimale, si utilizza la seguente formula:

$$\text{Numero decimale} = b_n \times 2^n + b_{n-1} \times 2^{n-1} + \ldots + b_1 \times 2^1 + b_0 \times 2^0$$

Dove b_i rappresenta il bit alla posizione i e n è il numero totale di bit.

Esempio:

Convertire il numero binario 1011 in decimale.

$1 x 2^3 + 0 x 2^2 + 1 x 2^1 + 1 x 2^0 = 11$

Decimale

Il sistema decimale è quello che usiamo comunemente, con dieci cifre da 0 a 9.

Conversione da Decimale a Binario:

Per convertire un numero decimale in binario, si utilizza la divisione per 2 e si prendono i resti.
Esempio:
Convertire il numero decimale 23 in binario.

- Dividere 23 per 2:

- o Quoziente: 11
- o Resto: 1
- Dividere 11 per 2:
  - o Quoziente: 5
  - o Resto: 1
- Dividere 5 per 2:
  - o Quoziente: 2
  - o Resto: 1
- Dividere 2 per 2:
  - o Quoziente: 1
  - o Resto: 0
- Dividere 1 per 2:
  - o Quoziente: 0
  - o Resto: 1

Leggendo i resti dal basso verso l'alto, il numero binario è: 10111

<u>Conversione da Decimale a Esadecimale:</u>

La conversione da decimale a esadecimale è semplice poiché ogni cifra esadecimale rappresenta un gruppo di quattro bit.

Esempio:

Convertiamo il numero decimale 255 in esadecimale.

- Divisione per 16:
  - o 255÷16=15 con resto 15
  - o Quindi, il primo resto è *F* in esadecimale (poiché 15 in esadecimale è rappresentato come F).
- Continua la Divisione:

- o   15÷16=0 con resto 15
- o   Il secondo resto è ancora *F*
- Forma il Numero Esadecimale:

Leggendo i resti dal basso verso l'alto, il numero esadecimale è FF.

Esadecimale

Il sistema esadecimale utilizza sedici cifre, da 0 a 9 e da A a F, per rappresentare i dati.

<u>Conversione da Esadecimale a Binario:</u>

Ogni cifra esadecimale corrisponde a quattro bit.

Esempio:

Convertire la cifra esadecimale $A5$ in binario.

$A5 = 1010\ 0101$

Poiché

- $A = 11 = 1010$
- $5 = 0101$

<u>Conversione da Esadecimale a Decimale:</u>

Ogni cifra esadecimale ha un equivalente decimale.

Esempio:

Convertire la cifra esadecimale $1F$ in decimale.

$$1F = 1 x 16^1 + F x 16^0 = 16 + 15 x 1 = 31$$

Concetti base

Dopo aver affrontato concetti propedeutici alla programmazione C, finalmente da ora in avanti entreremo nei dettagli del linguaggio. In questo capitolo, esploreremo i fondamenti essenziali su cui si basa la programmazione in questo potente linguaggio. Comprendere questi concetti non solo ti fornirà una solida base di conoscenze, ma sarà anche cruciale per affrontare con successo argomenti più avanzati nel tuo percorso di apprendimento.

Per padroneggiare la programmazione in C, è essenziale comprendere diversi concetti chiave:

- Commenti: utilizzati per documentare il codice e migliorare la sua leggibilità.
- Keyword C: parole riservate che hanno significato speciale nel linguaggio C e non possono essere utilizzate come nomi di variabili o funzioni.
- Identificatori: nomi dati a variabili, funzioni e altri elementi all'interno di un programma.
- Tipi di dato: definisce il tipo di valore che una variabile può contenere e le operazioni che possono essere eseguite su di essa.
- Conversione implicita ed esplicita: tecniche utilizzate per convertire automaticamente o manualmente un tipo di dato in un altro.
- Dichiarazione e definizione: la dichiarazione informa al compilatore l'esistenza di una variabile, funzione o altro, mentre la definizione fornisce i dettagli necessari su come è implementata.
- Funzione di entry point: punto di inizio obbligatorio di ogni programma C, da cui inizia l'esecuzione del codice.

Questi concetti costituiscono i mattoni fondamentali su cui costruiremo le tue competenze. Prenditi il tempo necessario per comprendere pienamente ciascuno di essi, poiché ti saranno di grande aiuto nel tuo percorso di apprendimento.

Nel proseguo di questo capitolo, esamineremo ognuno di questi concetti nel dettaglio, fornendo esempi pratici e spiegazioni chiare per aiutarti a consolidare la tua comprensione. Pronto per iniziare? Continua a leggere per scoprire tutto ciò che c'è da sapere sui fondamenti della programmazione in C.

I commenti nel codice sorgente

I commenti sono utilizzati per inserire del testo nel codice sorgente che verrà ignorato dal compilatore; sono fondamentali per fornire spiegazioni, annotazioni o informazioni aggiuntive nel codice, rendendo il codice più comprensibile sia per il programmatore che per qualsiasi persona che lo legge.

Tipi di commenti in C

In C, ci sono due tipi principali di commenti:

- Commenti a una sola riga: iniziano con // e terminano alla fine della riga.

```
// Questo è un commento a una sola riga
int variabile = 10;   // Questo commento segue una istruzione
```

- Commenti multilinea: iniziano con /* e terminano con */. Possono estendersi su più righe.

```
/*
Questo è un commento multilinea.
Può coprire più righe senza dover inserire // su ogni linea.
*/
int altro_valore = 20;
```

Best Practices per i Commenti

- Chiarezza e concisione: scrivi commenti chiari e significativi. I commenti dovrebbero aiutare a comprendere il codice, non ad appesantirlo.
- Evitare l'ovvio: evita commenti che descrivono ciò che il codice fa in termini banali. Concentrati sul perché il codice esiste o cosa cerca di ottenere.
- Mantenere i commenti aggiornati: i commenti devono riflettere accuratamente il codice. Commenti non aggiornati possono creare confusione.
- Uniformità: segui le convenzioni di commento del tuo team o progetto per mantenere uno stile coerente.

Le keyword C

In linguaggio C, le keywords (parole chiave) sono riservate e hanno un significato specifico nel contesto del linguaggio. Queste parole chiave non possono essere utilizzate come identificatori per nomi di variabili, funzioni o altre entità del programma. Ecco una lista delle principali parole chiave in C:

1. int
2. char
3. float
4. double
5. bool
6. return
7. if
8. else
9. while
10. for
11. switch
12. case
13. break
14. continue
15. default

16. do
17. enum
18. struct
19. typedef
20. union
21. void
22. volatile

Parole chiave con trattino basso (_)

Le parole chiave che iniziano con un trattino basso (_) nel linguaggio C sono spesso riservate per l'implementazione o per l'uso interno del compilatore e delle librerie di sistema.

L'uso di un trattino basso all'inizio di un identificatore è una convenzione comune nel linguaggio C per indicare che quel nome è riservato o destinato a un uso interno. In altre parole, serve come una sorta di "prefisso" per identificare le parti del codice che non dovrebbero essere toccate direttamente dagli sviluppatori, a meno che non siano esperti e consapevoli delle implicazioni.

L'idea dietro questa convenzione è quella di evitare conflitti tra nomi utilizzati dal programmatore e nomi utilizzati internamente dal compilatore o dalle librerie di sistema. Se gli sviluppatori iniziassero a usare identificatori che iniziano con _, potrebbero involontariamente interferire con il funzionamento interno del compilatore o delle librerie di sistema, causando problemi di compatibilità o comportamenti imprevedibili.

Piu avanti vedremo degli esempi, adesso ti è sufficiente sapere della loro esistenza.

Direttive del Preprocessore

Nel linguaggio C, il preprocessamento è una fase del processo di compilazione che interpreta e gestisce specifici comandi o istruzioni noti come "direttive del preprocessore". Queste direttive iniziano con il simbolo # e influenzano il processo di compilazione prima che il codice venga effettivamente compilato.

Ecco alcuni esempi di direttive del preprocessore:

if
elif
else
endif
	ifdef
	ifndef
	elifdef (C23)
	elifndef (C23)
	define
	undef
		include
		embed (C23)
		line
		error
		warning (C23)
		pragma
			defined
			__has_include (C23)
			__has_embed (C23)
			__has_c_attribute (C23)

Le direttive del preprocessore sono istruzioni speciali che influenzano il processo di compilazione prima che il codice venga effettivamente compilato. Esse possono essere utilizzate per condizionare l'inclusione di parti di codice, definire macro, gestire errori durante la compilazione, e altro ancora.

Immaginiamo di avere un programma C semplice che include una direttiva di preprocessore per condizionare l'esecuzione di una parte di codice. In questo caso, useremo #ifdef e #endif per condizionare l'inclusione di una parte specifica del codice.

```c
#include <stdio.h>

#define FEATURE_ENABLED    // Definiamo una macro chiamata FEATURE_ENABLED

int main() {
    printf("Questa parte del codice verrà sempre eseguita.\n");

#ifdef FEATURE_ENABLED
    // Questa parte del codice verrà inclusa solo se FEATURE_ENABLED è definito
    printf("Questa parte del codice è abilitata!\n");
#else
    printf("Questa parte del codice è disabilitata.\n");
#endif

    return 0;
}
```

Spiegazione

- Inclusione di librerie

```
#include <stdio.h>
```

Questa direttiva include il file di intestazione standard stdio.h, che è necessario per utilizzare la funzione printf.

- Definizione di una macro

```
#define FEATURE_ENABLED
```

Questa direttiva definisce una macro chiamata FEATURE_ENABLED. Una macro è una sorta di "etichetta" che può essere usata per includere o escludere blocchi di codice.

- Funzione principale

```
int main() {
    printf("Questa parte del codice verrà sempre eseguita.\n");
```

Questo è l'inizio della funzione main, il punto di ingresso del programma (vedremo in seguito ogni dettaglio sulle funzioni). La prima *printf* viene eseguita sempre, indipendentemente dalla macro definita.

- Direttive condizionali

```
#ifdef FEATURE_ENABLED
    printf("Questa parte del codice è abilitata!\n");
#else
    printf("Questa parte del codice è disabilitata.\n");
#endif
```

Qui entra in gioco la direttiva condizionale:

- o #ifdef FEATURE_ENABLED verifica se la macro FEATURE_ENABLED è definita.
- o Se FEATURE_ENABLED è definita (come lo è in questo esempio), il codice all'interno del blocco #ifdef e #endif viene incluso.
- o Se FEATURE_ENABLED non fosse definita, il codice all'interno del blocco #else verrebbe incluso al suo posto.
- Chiusura della funzione

```
return 0;
}
```

La funzione main termina restituendo 0, che indica che il programma è terminato con successo.

Cosa succede durante l'esecuzione?

Poiché FEATURE_ENABLED è definita, l'output del programma sarà:

```
Questa parte del codice verrà sempre eseguita.
Questa parte del codice è abilitata!
```

Se commentassi o rimuovessi la riga #define FEATURE_ENABLED, l'output del programma cambierebbe:

```
// #define FEATURE_ENABLED   // Definiamo una macro chiamata FEATURE_ENABLED
```

In questo caso, l'output sarebbe:

```
Questa parte del codice verrà sempre eseguita.
Questa parte del codice è disabilitata.
```

Gli Identificatori

Gli identificatori sono nomi utilizzati per rappresentare variabili, funzioni e altre entità all'interno di un programma. Essi permettono di riferirsi a specifiche posizioni di memoria o a elementi del codice in modo significativo e comprensibile. Ecco una descrizione dettagliata delle caratteristiche e delle regole degli identificatori in C:

- Regole per la creazione: gli identificatori devono seguire alcune regole specifiche per essere validi in C:
    - Caratteri consentiti: possono essere composti da lettere (sia maiuscole che minuscole), cifre e il carattere di sottolineatura _.
    - Carattere iniziale: devono iniziare con una lettera o con un carattere di sottolineatura _. Non possono iniziare con una cifra.
    - Parole chiave: non possono essere parole chiave del linguaggio C, come int, return, while, ecc, viste in precedenza.

    Esempi:

    ```
    int variabile;          // Valido
    float sommaTotale;      // Valido
    char _nome;             // Valido
    int 123numero;          // Non valido: inizia con una cifra
    char parola chiave;     // Non valido: contiene uno spazio
    ```

- Case Sensitivity

    Gli identificatori in C sono case-sensitive, il che significa che distinguono tra lettere maiuscole e minuscole. Pertanto, *variabile* e *Variabile* sono considerati identificatori diversi.

    Esempi:

```
int variabile;    // Un identificatore
int Variabile;    // Un altro identificatore, diverso dal precedente
```

- Lunghezza

   La lunghezza degli identificatori è limitata, ma la maggior parte dei compilatori moderni permette l'uso di identificatori molto lunghi. Tuttavia, per motivi di leggibilità e manutenzione del codice, è consigliabile mantenere i nomi degli identificatori ragionevolmente brevi ma descrittivi.

- Convenzioni di nomenclatura

   Per migliorare la leggibilità del codice, è comune seguire alcune convenzioni di nomenclatura:

   o Camel Case: la prima lettera di ogni parola successiva è maiuscola. Esempio: *nomeVariabile*.
   o Snake Case: le parole che costituiscono l'identificatore sono separate da underscores. Esempio: *nome_variabile*.

   Seguire queste convenzioni aiuta a rendere il codice più leggibile e uniforme.

   Esempi:

   ```
   int sommaTotale;        // Camel Case
   float valore_medio;     // Snake Case
   ```

- Esempi di identificatori validi e non validi

   Esempi di identificatori validi:

   ```
   int variabile;
   float sommaTotale;
   char _nomeUtente;
   ```

Esempi di identificatori non validi:

```
int 123numero;       // Inizia con un numero
char parola chiave;  // Contiene uno spazio
float double;        // Utilizza una parola chiave riservata
```

- Identificatori riservati

  Alcuni identificatori sono riservati per l'uso da parte del linguaggio C (come abbiamo discusso nella sezione precedente) e non possono essere utilizzati per dichiarare variabili o funzioni.

- Significato semantico

  La scelta di identificatori significativi è fondamentale per rendere il codice più leggibile e comprensibile. Un nome ben scelto dovrebbe riflettere il ruolo o la funzione dell'entità che rappresenta. Ad esempio, *contatore* è un nome molto più informativo rispetto a c.

  Esempi di identificatori significativi:

```
int numeroStudenti;
float sommaTotale;
char nomeUtente;
```

Utilizzare identificatori significativi aiuta non solo a capire meglio il codice, ma anche a facilitare la manutenzione e la collaborazione con altri sviluppatori.

I tipi di dato

Il linguaggio C è noto per la sua forte tipizzazione, un principio fondamentale che richiede che ogni entità di dati, che sia una variabile, una funzione o un altro elemento, debba essere associata a un tipo di dati ben definito. Questa caratteristica è alla base della struttura del linguaggio e influisce direttamente sulla sicurezza e sulla correttezza del codice. Analizziamo adesso tutti i tipi di dato definiti dal linguaggio.

Tipi di dato Intero

In C, i tipi di dato intero sono utilizzati per rappresentare numeri interi di diverse dimensioni e intervalli. Ogni tipo di dato è scelto in base alle esigenze specifiche del programma, contribuendo all'efficienza nella gestione della memoria e alla rappresentazione accurata dei valori desiderati. È importante notare che le dimensioni possono variare tra diverse architetture del sistema, e l'uso di tipi standard come *int* è spesso preferito per massimizzare la portabilità del codice.

1. int

L'*int* è il tipo di dato intero più comune. La sua dimensione può variare a seconda dell'architettura del sistema, ma di solito occupa 4 byte (32 bit) sui sistemi moderni.

```
int numeroIntero = 42;
```

2. short int o short

Il short int occupa solitamente 2 byte (16 bit). È utilizzato quando è necessario risparmiare spazio in memoria.

```
short int numeroBreve = 10;
```

3. long int o long

Il long int occupa di solito 4 byte (32 bit) o 8 byte (64 bit), a seconda del sistema. È utilizzato quando è necessario rappresentare numeri più grandi.

```
long int numeroLungo = 1000000;
```

4. long long int o long long

Il long long int occupa almeno 8 byte (64 bit) ed è utilizzato per rappresentare numeri molto grandi.

```
long long int numeroMoltoLungo = 1234567890123456LL;
```

Scelta del tipo di dato

La scelta del tipo di dato intero appropriato dipende dalle esigenze specifiche del programma:

- Efficienza nella memoria: utilizzare tipi più piccoli come *short int* se è necessario risparmiare spazio in memoria.
- Ampiezza del Valore: utilizzare tipi più grandi come *long int* o *long long int* se è necessario rappresentare numeri più grandi.

Considerazioni sulla portabilità

Le dimensioni dei tipi di dato intero possono variare tra diverse architetture del sistema. Per massimizzare la portabilità del codice, è spesso preferito l'uso dei tipi standard come *int*. Tuttavia, è importante essere consapevoli delle dimensioni specifiche e dei limiti dei tipi di dato sul sistema di destinazione.

Tipo di dato Booleano

Il tipo di dato booleano in linguaggio C è rappresentato dal tipo *_Bool*. Questo tipo di dato è utilizzato per rappresentare valori di verità, cioè vero (true) o falso (false).

Anche se il C standard non fornisce una parola chiave come *bool* come in alcuni altri linguaggi, *_Bool* è comunemente utilizzato per rappresentare dati booleani.

Utilizzo di _Bool

Ecco come puoi utilizzare il tipo *_Bool* per rappresentare valori booleani:

```
#include <stdbool.h>   // Include lo standard bool

_Bool vero = 1;    // Vero
_Bool falso = 0;   // Falso
```

Uso della Libreria stdbool.h

Per semplificare l'uso dei booleani, il C99 ha introdotto la libreria *stdbool.h*, che definisce bool come alias per *_Bool*, e i valori *true* e *false* per 1 e 0 rispettivamente. Questo rende il codice più leggibile e simile a quello di altri linguaggi di programmazione.

Sebbene i valori booleani possano essere rappresentati utilizzando solo un singolo bit, nella pratica i compilatori spesso allineano i tipi di dato alla dimensione di un byte (8 bit). Pertanto, il tipo di dato *bool* in C tende ad occupare 1 byte di memoria.

Esempio di utilizzo con *stdbool.h*:

```
#include <stdbool.h>

bool vero = true;     // Vero
bool falso = false;   // Falso
```

Tipi di dato in virgola mobile

In linguaggio C, i tipi di dato in virgola mobile, come *float* e *double*, sono utilizzati per rappresentare numeri decimali, consentendo la memorizzazione di valori con una parte frazionaria. Ecco una panoramica dettagliata di come utilizzare questi tipi di dato:

- float

Il tipo *float* è utilizzato per rappresentare numeri in virgola mobile con una precisione relativamente inferiore rispetto a *double*.

Esempio:

```
float numeroVirgolaMobile = 3.14f;
```

Precisione e dimensione:

- o Solitamente occupa 4 byte (32 bit) di memoria.
- o Precisione: circa 6-7 cifre decimali significative.
- double

Il tipo *double* è utilizzato per rappresentare numeri in virgola mobile con una maggiore precisione rispetto a *float*.

```
double numeroDoppio = 3.141592653;
```

Precisione e dimensione:

- Solitamente occupa 8 byte (64 bit) di memoria.
- Precisione: circa 15-16 cifre decimali significative.

Tipi di dato char

Il tipo di dato char in linguaggio C è utilizzato per rappresentare singoli caratteri ASCII. La parola "char" è una contrazione di "character" (carattere). Di seguito è riportata la tabella dei caratteri ASCII. Il set di caratteri ASCII (American Standard

Code for Information Interchange) include 128 caratteri diversi, numerati da 0 a 127. Questi caratteri comprendono lettere maiuscole e minuscole, numeri, segni di punteggiatura, spazi e caratteri di controllo. La tabella ASCII è una codifica standard che assegna un numero univoco a ciascun carattere, facilitando la rappresentazione e lo scambio di dati in formato testuale tra sistemi informatici. I primi 32 caratteri (0-31) sono caratteri di controllo, mentre i successivi 95 (32-126) sono caratteri stampabili.

dec	oct	hex	ch	dec	oct	hex	ch	dec	oct	hex	ch	dec	oct	hex	ch
0	0	00	NUL (null)	32	40	20	(space)	64	100	40	@	96	140	60	`
1	1	01	SOH (start of header)	33	41	21	!	65	101	41	A	97	141	61	a
2	2	02	STX (start of text)	34	42	22	"	66	102	42	B	98	142	62	b
3	3	03	ETX (end of text)	35	43	23	#	67	103	43	C	99	143	63	c
4	4	04	EOT (end of transmission)	36	44	24	$	68	104	44	D	100	144	64	d
5	5	05	ENQ (enquiry)	37	45	25	%	69	105	45	E	101	145	65	e
6	6	06	ACK (acknowledge)	38	46	26	&	70	106	46	F	102	146	66	f
7	7	07	BEL (bell)	39	47	27	'	71	107	47	G	103	147	67	g
8	10	08	BS (backspace)	40	50	28	(	72	110	48	H	104	150	68	h
9	11	09	HT (horizontal tab)	41	51	29	)	73	111	49	I	105	151	69	i
10	12	0a	LF (line feed - new line)	42	52	2a	*	74	112	4a	J	106	152	6a	j
11	13	0b	VT (vertical tab)	43	53	2b	+	75	113	4b	K	107	153	6b	k
12	14	0c	FF (form feed - new page)	44	54	2c	,	76	114	4c	L	108	154	6c	l
13	15	0d	CR (carriage return)	45	55	2d	-	77	115	4d	M	109	155	6d	m
14	16	0e	SO (shift out)	46	56	2e	.	78	116	4e	N	110	156	6e	n
15	17	0f	SI (shift in)	47	57	2f	/	79	117	4f	O	111	157	6f	o
16	20	10	DLE (data link escape)	48	60	30	0	80	120	50	P	112	160	70	p
17	21	11	DC1 (device control 1)	49	61	31	1	81	121	51	Q	113	161	71	q
18	22	12	DC2 (device control 2)	50	62	32	2	82	122	52	R	114	162	72	r
19	23	13	DC3 (device control 3)	51	63	33	3	83	123	53	S	115	163	73	s
20	24	14	DC4 (device control 4)	52	64	34	4	84	124	54	T	116	164	74	t
21	25	15	NAK (negative acknowledge)	53	65	35	5	85	125	55	U	117	165	75	u
22	26	16	SYN (synchronous idle)	54	66	36	6	86	126	56	V	118	166	76	v
23	27	17	ETB (end of transmission block)	55	67	37	7	87	127	57	W	119	167	77	w
24	30	18	CAN (cancel)	56	70	38	8	88	130	58	X	120	170	78	x
25	31	19	EM (end of medium)	57	71	39	9	89	131	59	Y	121	171	79	y
26	32	1a	SUB (substitute)	58	72	3a	:	90	132	5a	Z	122	172	7a	z
27	33	1b	ESC (escape)	59	73	3b	;	91	133	5b	[	123	173	7b	{
28	34	1c	FS (file separator)	60	74	3c	<	92	134	5c	\	124	174	7c	|
29	35	1d	GS (group separator)	61	75	3d	=	93	135	5d	]	125	175	7d	}
30	36	1e	RS (record separator)	62	76	3e	>	94	136	5e	^	126	176	7e	~
31	37	1f	US (unit separator)	63	77	3f	?	95	137	5f	_	127	177	7f	DEL (delete)

Ecco come utilizzare il tipo char:

```
char carattere = 'A';
```

- Utilizzo in stringhe:

Un array (struttura di dati che contiene una collezione di elementi dello stesso tipo, memorizzati in una posizione di memoria contigua) di caratteri può essere utilizzato per rappresentare una stringa di testo.

```
char stringa[] = "Ciao";
```

In questo esempio, stringa è un array di caratteri che rappresenta la parola "Ciao". La stringa termina con un carattere nullo ('\0') che indica la fine della stringa.

- Utilizzo in operazioni aritmetiche:

In C, il tipo *char* è un tipo di dato integrale, il che significa che può essere coinvolto in operazioni aritmetiche.

```
char cifra1 = '2';
char cifra2 = '3';
int somma = cifra1 - '0' + cifra2 - '0';   // Converte i caratteri in numeri e calcola la somma
```

In questo esempio, i caratteri '2' e '3' vengono convertiti nei rispettivi valori numerici e sommati per ottenere il risultato 5.

- Caratteri di Escape:

Il tipo *char* può rappresentare anche caratteri di escape, che sono preceduti da una barra rovesciata (\). Esempi di caratteri di escape includono newline (\n), tab (\t), backslash (\\), apostrofo (\'), virgolette (\") e molti altri.

```
char aCapo = '\n';
char tabulazione = '\t';
```

Questi caratteri speciali vengono spesso utilizzati per formattare l'output o per inserire spazi vuoti nei dati. Costituisco sequenze speciali utilizzate per rappresentare azioni di controllo o caratteri che non possono essere facilmente inseriti direttamente nel codice.

Tipi di dato puntatori

I puntatori sono la caratteristica <u>fondamentale</u> del linguaggio C. Un puntatore è una variabile il cui valore è l'indirizzo di memoria di un'altra variabile. Il tipo di dato di un puntatore indica il tipo di variabile alla quale può puntare. Mi limito a mostrare un esempio, in quanto questo è uno degli argomenti piu importanti del linguaggio e a cui dedicherò un intero capitolo.

Ecco un esempio di puntatore a intero:

un puntatore a intero può contenere l'indirizzo di memoria di una variabile di tipo intero.

```
int numero = 42;
int *puntatoreIntero = &numero    // Puntatore a intero che punta a 'numero'
```

Tipi di dato compositi

- Struct:

Le strutture (struct) in linguaggio C sono un tipo di dato composito che consente di raggruppare diversi tipi di dati sotto un unico nome. Ogni membro di una struttura può avere un tipo di dato diverso, consentendo la creazione di rappresentazioni personalizzate di dati complessi. Per ora ti basta sapere della loro esistenza. Dedicherò un intero capitolo alla loro trattazione.

```
struct Persona {
```

```
    char nome[50];
    int eta;
    float altezza;
};
```

- Enum:

Le enumerazioni (enum) in linguaggio C sono un tipo di dato composito che permette di definire un insieme di costanti denominate in modo più leggibile e significativo rispetto ai numeri interi. Anche per questo tipo di dato vale il discorso fatto per le struct: ho dedicato un intero capitolo per spiegarne meglio i dettagli e l'utilizzo.

```
enum Stato {
    SPENTO,
    ACCESO,
    IN_PAUSA
};
```

Tipo di dato void

Il tipo di dato *void* in linguaggio C è un tipo speciale che viene utilizzato per indicare l'assenza di tipo o valore. La sua presenza è significativa in diverse situazioni, come nelle dichiarazioni di funzioni e nei puntatori generici. Ecco come viene utilizzato:

Limitazioni:

Il tipo *void* non può essere utilizzato come tipo di dato per variabili, poiché non rappresenta un valore specifico.

```
// Errore: 'void' non può essere utilizzato come tipo di dato per una variabile
void variabile;
```

Il tipo di dato *void* è una caratteristica versatile in C che fornisce una flessibilità significativa nelle dichiarazioni di funzioni (vedi capitolo) e nell'uso di puntatori generici. Tuttavia, è importante utilizzarlo con attenzione e solo quando appropriato per garantire la chiarezza e la correttezza del codice.

La conversione implicita ed esplicita

La conversione tra tipi di dati, nota anche come casting, è una pratica comune in linguaggio C per adeguare i dati a operazioni specifiche o per garantire la coerenza dei tipi nelle espressioni. Le conversioni possono essere di due tipi: implicita ed esplicita.

1. Conversione implicita:

La conversione implicita avviene automaticamente e viene fatta dal compilatore quando si assegna un valore di un tipo di dato a una variabile di un altro tipo compatibile, senza la necessità di un'annotazione esplicita.

```
int intero = 42;
float decimale = intero; // Conversione implicita da int a float
```

In questo esempio, il valore *intero* viene implicitamente convertito in un valore in virgola mobile (float) senza la necessità di un cast esplicito.

2. Conversione esplicita (Casting):

La conversione esplicita richiede l'uso di un operatore di cast per indicare al compilatore la volontà del programmatore di convertire un tipo di dato in un altro. Questa operazione utilizza le parentesi tonde, al cui interno viene inserito il tipo di dato di destinazione.

```
float risultato = 3.14;
int approssimato = (int)risultato; // Conversione esplicita da float a int
```

In questo esempio, il valore in virgola mobile risultato viene esplicitamente convertito in un intero tramite l'operatore di cast (int).

3. Limitazioni e possibili perdite di dati:

È importante notare che alcune conversioni possono comportare perdite di dati, specialmente quando si convertono tipi di dato con una precisione maggiore in tipi con una precisione inferiore.

```
double valoreDouble = 1234.5678;
int valoreIntero = (int)valoreDouble; // Possibile perdita di precisione
```

Nel caso sopra, il valore decimale viene troncato (*valoreIntero* contiene il valore 1234) per adattarsi al formato intero, risultando in una possibile perdita di precisione.

4. Conversione tra tipi numerici:

È possibile convertire tra diversi tipi numerici, come interi e virgola mobile.

```
int interoA = 5;
int interoB = 2;
float risultatoDivisione = (float)interoA / interoB; // Conversione esplicita prima della divisione
```

In questo esempio, la conversione esplicita viene utilizzata per garantire che la divisione produca un risultato in virgola mobile.

5. Utilizzo consapevole:

Le conversioni esplicite costituiscono uno strumento molto utile, ma devono essere utilizzate con attenzione. Un uso improprio può portare a risultati imprevisti o a comportamenti non desiderati nel programma.

Tuttavia, una corretta comprensione delle limitazioni e delle possibili perdite di dati è essenziale per scrivere codice robusto e prevenire errori indesiderati. L'uso di conversioni esplicite dovrebbe essere motivato dalla necessità specifica del programma e applicato con attenzione per garantire la correttezza e la comprensibilità del codice.

La dichiarazione e la definizione

In linguaggio C, la dichiarazione e la definizione di variabili, funzioni e altri elementi del programma sono concetti distinti. Comprenderne la differenza è fondamentale per scrivere codice efficiente e comprensibile.

Dichiarazione

La dichiarazione informa il compilatore dell'esistenza di una variabile, funzione o altro elemento del programma, specificandone il tipo. Una dichiarazione introduce un nome (identificatore) nel programma e specifica il tipo di dato associato a quel nome, ma non assegna memoria ne fornisce un'implementazione. Le dichiarazioni sono spesso presenti nei file di intestazione (.h) per fornire informazioni sulla struttura del programma agli altri file sorgente (.c) che includono l'header.

```c
// Dichiarazione di una variabile
extern int variabile;

// Dichiarazione di una funzione
int funzione(int arg1, float arg2);
```

Nell'esempio sopra, *extern* viene utilizzato per dichiarare la variabile senza definirla immediatamente. La dichiarazione della funzione (a cui sarà dedicato un capitolo completo – vedi capitolo Le funzioni) specifica il suo tipo di ritorno e la lista dei parametri.

Definizione

La definizione riserva la memoria e assegna un valore a una variabile o fornisce un'implementazione completa per una funzione. Una definizione è un'istanza concreta di un elemento dichiarato e deve essere univoca.

```
// Definizione e inizializzazione di una variabile
int variabile = 42;

// Definizione di una funzione
int funzione(int arg1, float arg2) {
    // corpo della funzione
    return arg1 + (int)arg2;
}
```

Nell'esempio sopra, la variabile viene definita e inizializzata con il valore 42. La funzione è definita con un corpo che specifica cosa fa quando viene chiamata.

In breve, una dichiarazione informa il compilatore dell'esistenza, mentre una definizione crea un'istanza concreta nel programma. È comune dichiarare variabili e funzioni in file di intestazione e definirle in file sorgente separati per facilitare la modularità del codice.

Cicli e condizionali

La programmazione strutturata si basa su costrutti fondamentali come i cicli e i condizionali per controllare il flusso di esecuzione dei programmi. Questi costrutti permettono di ripetere blocchi di codice e di prendere decisioni basate su condizioni specifiche.

Condizionali: If-Else

I condizionali *if*, *else if*, e *else* sono fondamentali per eseguire blocchi di codice in base a condizioni specifiche. Prima di esplorare questi costrutti, è importante capire cosa sia un'espressione booleana.

Espressione booleana

Un'espressione booleana è un'espressione che può essere valutata come vera (true) o falsa (false). In C, le espressioni booleane sono tipicamente espressioni che coinvolgono operatori di confronto, come >, <, >=, <=, ==, !=, e gli operatori logici && (and), || (or), e ! (not).

- Operatore && (AND): è utilizzato per combinare due espressioni booleane. Restituisce true solo se entrambe le espressioni booleane sono vere.
- Operatore || (OR): è utilizzato per combinare due espressioni booleane. Restituisce true se almeno una delle due espressioni booleane è vera.
- Operatore ! (NOT): è utilizzato per invertire il valore di una singola espressione booleana. Se l'espressione booleana è vera, ! la renderà falsa e viceversa.

Ecco alcuni esempi di espressioni booleane:

- a > b : Vero se a è maggiore di b.
- x == 10 : Vero se x è uguale a 10.
- y <= 5 : Vero se y è minore o uguale a 5.
- p && q : Vero se sia p che q sono veri.
- r || s : Vero se almeno uno tra r e s è vero.
- !t : Vero se t è falso.

Le espressioni booleane sono fondamentali nei condizionali perché permettono al programma di prendere decisioni basate su valori dinamici o variabili che possono cambiare durante l'esecuzione del programma.

If-Else

Il costrutto *if-else* è utilizzato per eseguire un blocco di codice se una condizione è vera, altrimenti esegue un altro blocco di codice.

La struttura base è la seguente:

```
if (condizione_1):
    // Blocco di codice da eseguire se condizione_1 è vera
else if (condizione_2):
    // Blocco di codice da eseguire se condizione_1 non è vera ma condizione_2 è vera
else if (condizione_3):
    // Blocco di codice da eseguire se né condizione_1 né condizione_2 sono vere ma condizione_3 è vera
else:
    // Blocco di codice da eseguire se nessuna delle condizioni precedenti è vera
```

In questa struttura:

- *condizione_1*, *condizione_2*, *condizione_3*, ccc., sono espressioni booleane o condizioni che vengono valutate per determinare quale blocco di codice eseguire.
- Il costrutto *if* inizia con *if (condizione_1)* e verifica se *condizione_1* è vera. Se è vera, il blocco di codice sotto *if (condizione_1):* viene eseguito e il controllo esce dalla struttura.
- Se *condizione_1* non è vera, il programma verifica *else if (condizione_2)* e esegue il blocco di codice sotto *else if (condizione_2):* se *condizione_2* è vera.

- Questo processo può continuare con ulteriori *else if* per verificare condizioni aggiuntive, seguite dai rispettivi blocchi di codice.
- L'istruzione *else:* è opzionale e viene eseguita se nessuna delle condizioni precedenti (*condizione_1, condizione_2, condizione_3*, ecc.) è vera.
- Una volta che una delle condizioni è verificata come vera, i blocchi di codice nelle rispettive clausole *if* o *else if* vengono eseguiti e il controllo esce dalla struttura senza esaminare le condizioni successive.

Vediamo un esempio di codice:

```c
#include <stdio.h>
int main() {
    int numero = 10;

    // Esempio di if-else
    if (numero > 0) {
        printf("%d è un numero positivo.\n", numero);
    } else {
        printf("%d è un numero non positivo.\n", numero);
    }

    return 0;
}
```

Nel codice sopra, l'espressione booleana *numero > 0* viene valutata. Se è vera (cioè se numero è maggiore di 0), viene eseguito il primo blocco di codice dentro le parentesi graffe {} dell'*if*. Se è falsa (cioè se numero non è maggiore di 0), viene eseguito il blocco di codice dopo else.

Else If

L'istruzione *else if* consente di verificare condizioni aggiuntive dopo un if. Se la condizione dell'*if* non è vera, ma la condizione dell'*else if* successivo è vera, il blocco di codice corrispondente verrà eseguito.

```c
#include <stdio.h>

int main() {
    int voto = 85;

    // Esempio di if-else if-else
    if (voto >= 90) {
        printf("Voto A\n");
    } else if (voto >= 80) {
        printf("Voto B\n");
    } else if (voto >= 70) {
        printf("Voto C\n");
    } else {
        printf("Voto insufficiente\n");
    }

    return 0;
}
```

In questo esempio, il programma verifica il valore di voto usando una serie di espressioni booleane con *if*, *else if* e *else*. La prima espressione *voto >= 90* verifica se il voto è almeno 90, se vero, stampa "Voto A". Se non è vero, passa all'espressione successiva *voto >= 80* e così via fino a che non trova una condizione vera o raggiunge l'istruzione *else*, che gestisce tutte le altre condizioni non considerate nei precedenti *if* e *else if*.

Considerazioni finali

I condizionali *if-else* e *else if* permettono di gestire molteplici scenari all'interno di un programma, permettendo di eseguire diverse azioni in base alle condizioni specificate. Comprendere il concetto di espressioni booleane è essenziale per utilizzare questi costrutti in modo efficace e scrivere codice che si adatti dinamicamente alle condizioni durante l'esecuzione del programma.

Condizionale Switch in C

Il condizionale switch in C è utilizzato per selezionare una delle diverse possibilità in base al valore di una variabile espressa come un intero o un carattere. È particolarmente utile quando è necessario eseguire diverse azioni a seconda del valore di una singola espressione.

Struttura base

La struttura di base di un condizionale switch è la seguente:

```
switch (espressione_da_valutare):
    case valore_1:
        // Blocco di codice da eseguire se espressione_da_valutare == valore_1
        break
    case valore_2:
        // Blocco di codice da eseguire se espressione_da_valutare == valore_2
        break
    case valore_3:
        // Blocco di codice da eseguire se espressione_da_valutare == valore_3
        break
    ...
    default:
        // Blocco di codice da eseguire se nessun caso corrisponde
```

Vediamo un esempio di codice:

```
#include <stdio.h>

int main() {
    int scelta = 2;

    switch (scelta) {
        case 1:
            printf("Hai scelto l'opzione 1.\n");
            break;
        case 2:
            printf("Hai scelto l'opzione 2.\n");
            break;
        case 3:
```

```
            printf("Hai scelto l'opzione 3.\n");
            break;
        default:
            printf("Scelta non valida.\n");
    }

    return 0;
}
```

Nell'esempio sopra, *scelta* è una variabile intera che determina quale blocco di codice viene eseguito all'interno del *switch*. Il valore di *scelta* viene confrontato con i vari casi (*case*) all'interno del *switch*. Se scelta corrisponde a uno dei casi specificati (1, 2, 3), il codice all'interno del corrispondente case viene eseguito. Il blocco *default* viene eseguito se nessun caso corrispondente viene trovato.

Utilizzo dei casi (case)

Ogni case in un *switch* può contenere uno o più comandi, seguiti da un'istruzione *break*. L'istruzione *break* è necessaria per terminare l'esecuzione dello switch dopo aver eseguito il blocco di codice corrispondente.

```
#include <stdio.h>

int main() {
    char voto = 'B';

    switch (voto) {
        case 'A':
            printf("Voto eccellente!\n");
            break;
        case 'B':
            printf("Voto molto buono.\n");
            break;
        case 'C':
            printf("Voto sufficiente.\n");
            break;
        default:
            printf("Voto non valido.\n");
    }
```

```
    return 0;
}
```

In questo esempio, voto è una variabile di tipo carattere (char). Lo *switch* confronta il valore di voto con i casi 'A', 'B', 'C'. Se voto è 'B', viene stampato "Voto molto buono.". L'istruzione *break* dopo ogni case garantisce che una volta trovato il caso corrispondente, il controllo esce dal *switch*.

Clausola default

La clausola default in uno *switch* è facoltativa ma consigliata. Viene eseguita quando nessun caso corrispondente viene trovato. È utile per gestire situazioni inattese o valori non previsti dalla logica del programma.

```c
#include <stdio.h>
int main() {
    int giorno = 5;

    switch (giorno) {
        case 1:
            printf("Lunedì\n");
            break;
        case 2:
            printf("Martedì\n");
            break;
        case 3:
            printf("Mercoledì\n");
            break;
        default:
            printf("Giorno non valido\n");
    }

    return 0;
}
```

Nell'esempio sopra, se giorno è 5, nessun caso corrispondente viene trovato nei casi 1, 2, o 3, quindi viene eseguito il blocco di codice sotto default che stampa "Giorno non valido".

Considerazioni finali

Il condizionale switch in C è utile quando si ha la necessità di selezionare tra molte opzioni basate su un singolo valore. È più efficiente e leggibile rispetto a una serie di istruzioni *if-else* annidate quando si tratta di valutare una singola espressione su vari casi. Assicurarsi di utilizzare *break* dopo ogni case per evitare l'esecuzione accidentale dei blocchi di codice successivi nei casi successivi.

Ciclo For in C

Il ciclo for in C è utilizzato per eseguire ripetutamente un blocco di istruzioni per un numero definito di volte, controllato attraverso una variabile di controllo. Può essere utilizzato per iterare su una sequenza di valori o per eseguire un'azione ripetitiva finché una condizione specifica è verificata.

La struttura di base di un ciclo for in pseudocodice è la seguente:

```
for (inizializzazione; condizione_di_continuazione; aggiornamento) {
    // Blocco di istruzioni da eseguire ripetutamente
}
```

- inizializzazione: un'espressione iniziale che viene eseguita una sola volta all'inizio del ciclo. Solitamente inizializza la variabile di controllo del ciclo.
- condizione_di_continuazione: una condizione booleana valutata prima di ogni iterazione. Se è vera, il ciclo continua ad eseguire il blocco di istruzioni; se è falsa, il ciclo termina.
- aggiornamento: un'espressione eseguita alla fine di ogni iterazione del ciclo, solitamente utilizzata per aggiornare la variabile di controllo.

Vediamo un esempio di codice:

```c
#include <stdio.h>

int main() {
    // Esempio di ciclo for che stampa i numeri da 1 a 5
    for (int i = 1; i <= 5; i++) {
        printf("%d ", i);
    }
    printf("\n");

    return 0;
}
```

Nell'esempio sopra:

- int i = 1 inizializza la variabile i a 1.
- i <= 5 è la condizione di continuazione del ciclo. Il ciclo continua finché i è minore o uguale a 5.
- i++ è l'aggiornamento della variabile di controllo i, che viene incrementata di 1 dopo ogni iterazione.

Questo ciclo for stampa i numeri da 1 a 5 utilizzando la funzione della libreria strandard *printf*, la quale fa parte dell'header *stdio.h*.

Ciclo infinito

Un ciclo infinito è un ciclo che continua ad eseguire il suo blocco di istruzioni senza mai terminare, perché la condizione di continuazione non diventa mai falsa. Un esempio di ciclo infinito può essere creato intenzionalmente o accidentalmente:

```c
#include <stdio.h>

int main() {
    // Esempio di ciclo for infinito
    for (;;) {
        printf("Questo è un ciclo infinito.\n");
    }
```

```
        return 0;
}
```

In questo esempio, for (;;) crea un ciclo infinito perché non specifica una condizione di continuazione. Il blocco di istruzioni *printf("Questo è un ciclo infinito.\n");* viene eseguito all'infinito fino a quando il programma viene interrotto manualmente.

Uscita anticipata dal ciclo

A volte è necessario uscire anticipatamente da un ciclo, anche prima che la condizione di continuazione diventi falsa. Questo può essere fatto utilizzando l'istruzione *break*.

```
#include <stdio.h>

int main() {
    // Esempio di ciclo for con uscita anticipata
    for (int j = 1; j <= 10; j++) {
        if (j == 5) {
            break; // Esce dal ciclo quando j è uguale a 5
        }
        printf("%d ", j);
    }
    printf("\n");

    return 0;
}
```

Nell'esempio sopra, il ciclo for stampa i numeri da 1 a 4. Quando *j* diventa 5, l'istruzione *break* termina immediatamente l'esecuzione del ciclo, saltando il resto delle iterazioni.

Continuare con la prossima iterazione

L'istruzione *continue* viene utilizzata per saltare il resto del blocco di istruzioni corrente e continuare con la prossima iterazione del ciclo.

```c
#include <stdio.h>

int main() {
    // Esempio di ciclo for con istruzione continue
    for (int k = 1; k <= 5; k++) {
        if (k == 3) {
            continue; // Salta l'iterazione quando k è uguale a 3
        }
        printf("%d ", k);
    }
    printf("\n");

    return 0;
}
```

Nell'esempio sopra, il ciclo for stampa i numeri da 1 a 5, ma salta l'iterazione quando *k* è uguale a 3 grazie all'istruzione continue. Pertanto, l'output sarà 1 2 4 5.

Considerazioni finali

Il ciclo for in C è uno strumento versatile per eseguire operazioni ripetitive in modo controllato. È fondamentale comprendere come utilizzare correttamente *break* per uscire anticipatamente dal ciclo e *continue* per saltare l'iterazione corrente. L'uso appropriato di queste istruzioni può migliorare l'efficienza del codice e renderlo più chiaro e gestibile. Prestare attenzione ai cicli infiniti è cruciale per evitare che il programma diventi non responsivo.

Ciclo While

Il ciclo while in C è utilizzato per eseguire un blocco di istruzioni ripetutamente fintanto che una condizione specifica è verificata. È particolarmente utile quando il numero di iterazioni non è noto a priori, ma dipende da una condizione che può cambiare durante l'esecuzione del programma.

La struttura di base di un ciclo while in pseudocodice è la seguente:

```
while (condizione) {
    // Blocco di istruzioni da eseguire ripetutamente
}
```

- condizione: è un'espressione booleana valutata prima di ogni iterazione del ciclo. Se è vera, il ciclo continua ad eseguire il blocco di istruzioni; se è falsa, il ciclo termina.

Il ciclo while continua a eseguire il blocco di istruzioni fintanto che condizione è vera.

Vediamo un esempio:

```
#include <stdio.h>

int main() {
    int i = 1;

    // Esempio di ciclo while che stampa i numeri da 1 a 5
    while (i <= 5) {
        printf("%d ", i);
        i++;
    }
    printf("\n");

    return 0;
}
```

Nell'esempio sopra:

- int i = 1; inizializza la variabile i a 1.
- i <= 5 è la condizione del ciclo while. Il ciclo continua finché i è minore o uguale a 5.
- i++ incrementa la variabile i di 1 dopo ogni iterazione.

Questo ciclo while stampa i numeri da 1 a 5 utilizzando printf("%d ", i);.

Uscita anticipata dal ciclo

Come nel ciclo *for*, è possibile uscire anticipatamente da un ciclo *while* utilizzando l'istruzione *break*.

```
#include <stdio.h>

int main() {
    int j = 1;

    // Esempio di ciclo while con uscita anticipata
    while (j <= 10) {
        if (j == 5) {
            break; // Esce dal ciclo quando j è uguale a 5
        }
        printf("%d ", j);
        j++;
    }
    printf("\n");

    return 0;
}
```

Nell'esempio sopra, il ciclo *while* stampa i numeri da 1 a 4. Quando *j* diventa 5, l'istruzione *break* termina immediatamente l'esecuzione del ciclo.

Continuare con la prossima iterazione

Analogamente al ciclo *for*, è possibile saltare l'esecuzione del resto del blocco di istruzioni corrente e passare alla prossima iterazione del ciclo utilizzando l'istruzione continue.

```
#include <stdio.h>

int main() {
    int k = 1;

    // Esempio di ciclo while con istruzione continue
    while (k <= 5) {
        if (k == 3) {
```

```
        k++; // Incrementa k per evitare un ciclo infinito
        continue; // Salta l'iterazione quando k è uguale a 3
    }
    printf("%d ", k);
    k++;
}
printf("\n");

return 0;
}
```

Nell'esempio sopra, il ciclo *while* stampa i numeri da 1 a 5, ma salta l'iterazione quando *k* è uguale a 3 grazie all'istruzione continue. Quindi, l'output sarà 1 2 4 5.

Differenze tra ciclo For e ciclo While

Entrambi i cicli *for* e *while* sono utilizzati per eseguire iterazioni, ma hanno delle differenze chiave:

- Condizioni di utilizzo: il ciclo *for* è preferibile quando si conosce esattamente il numero di iterazioni o si ha bisogno di un controllo dettagliato sulla variabile di controllo. Il ciclo *while* è più adatto quando la condizione di continuazione può cambiare durante l'esecuzione o è basata su una logica più complessa.
- Inizializzazione e Aggiornamento: nel ciclo *for*, l'inizializzazione e l'aggiornamento della variabile di controllo sono gestiti direttamente nella dichiarazione del ciclo. Nel ciclo *while*, queste operazioni devono essere gestite esplicitamente all'interno del blocco di istruzioni del ciclo.
- Flessibilità: il ciclo *while* offre maggiore flessibilità nel determinare la condizione di uscita e nel gestire le operazioni durante l'iterazione. Può essere usato per implementare cicli infiniti o cicli con logiche di uscita complesse più facilmente rispetto al ciclo *for*.

La scelta tra *for* e *while* dipende dalle esigenze specifiche del problema e dalla struttura del codice. È importante comprendere le differenze tra i due e utilizzare il ciclo più adatto per garantire un codice chiaro, efficiente e facilmente mantenibile. Entrambi i cicli offrono strumenti potenti per gestire iterazioni in C, ciascuno con vantaggi distinti a seconda del contesto di utilizzo.

Gli enumerati

I tipi enumerati, spesso abbreviati come "enum", sono un concetto fondamentale nel linguaggio C che consente di definire un insieme di costanti con nome. Questa funzionalità offre un modo più leggibile e significativo per rappresentare valori specifici all'interno del codice. I tipi enumerati sono particolarmente utili quando si desidera associare nomi significativi a valori numerici o interi, migliorando così la comprensione e la manutenibilità del codice.

In un enumerato, ogni costante denominata è associata a un valore intero e rappresenta un elemento dell'insieme. Questo permette di creare un insieme di valori distinti e assegnare loro un significato semantico.

L'uso dei tipi enumerati (enum) è particolarmente vantaggioso nella gestione di insiemi di opzioni o stati all'interno di un programma. Gli enum contribuiscono a rendere il codice più intuitivo e a ridurre la probabilità di errori derivanti dall'interpretazione di valori numerici grezzi. Utilizzando nomi significativi al posto di costanti numeriche, gli enum migliorano la leggibilità e la manutenibilità del codice.

Dichiarazione e utilizzo

Questa sezione esplorerà la sintassi per dichiarare un tipo enumerato e illustrerà come sfruttarli efficacemente all'interno di un programma.

Dichiarazione degli enum

La dichiarazione di un enumerato avviene utilizzando la parola chiave *enum*, seguita da un identificatore che ne rappresenta il nome. All'interno delle parentesi graffe, vengono elencate le costanti denominate, o "enumeratori", ciascuna delle quali è associata a un valore intero univoco.

Esempio:

```
enum MesiAnno {
    Gennaio,
    Febbraio,
    Marzo,
    Aprile,
    Maggio,
    Giugno,
    Luglio,
    Agosto,
    Settembre,
    Ottobre,
    Novembre,
    Dicembre
};
```

In questo esempio, *Gennaio* sarà associato a 0, *Febbraio* a 1, e così via.

Utilizzo degli enum

Una volta dichiarato un enum, è possibile utilizzarlo in vari contesti all'interno del programma. Ad esempio, per dichiarare variabili di tipo enumerato:

```
enum MesiAnno meseCorrente;
meseCorrente = Marzo;
```

In questo caso, *meseCorrente* è una variabile di tipo *enum MesiAnno* e può assumere solo i valori definiti all'interno dell'enumerator *MesiAnno*.

Gli enum sono particolarmente utili per rendere il codice più leggibile quando si lavora con *switch* e condizioni:

```
switch (meseCorrente) {
    case Gennaio:
    case Febbraio:
    case Marzo:
        printf("Siamo nella prima parte dell'anno.\n");
        break;
    case Aprile:
```

```
    case Maggio:
    case Giugno:
        printf("Siamo nella seconda parte dell'anno.\n");
        break;
    // ... altri casi ...
    default:
        printf("Mese non valido.\n");
        break;
}
```

L'utilizzo di enumerati facilita la comprensione del codice e contribuisce a ridurre il rischio di errori derivanti dalla manipolazione di valori numerici diretti.

Utilizzo avanzato degli enumerativi

Gli enumerati non si limitano solo a fornire nomi significativi ai valori numerici, ma possono essere utilizzati in modo avanzato per migliorare la chiarezza e la manutenibilità del codice. Questa sezione esplorerà alcune tecniche avanzate di utilizzo.

Assegnazione di valori personalizzati

Gli enumeratori possono essere associati a valori personalizzati per adattarsi a esigenze specifiche. Questo è utile quando si desidera impostare manualmente valori per garantire una corrispondenza con determinate condizioni o requisiti del programma.

```
enum LivelliPriorita {
    Basso = 1,
    Medio = 5,
    Alto = 10
};
```

In questo esempio, *Basso* è associato a 1, *Medio* a 5 e *Alto* a 10. Questo può essere particolarmente utile quando si devono attribuire priorità a diverse operazioni o quando si desidera esprimere valori specifici in un contesto particolare.

Bitmasking con Enumeratori

Gli enumeratori possono essere utilizzati per creare maschere di bit, consentendo di rappresentare insiemi di opzioni o flag in modo compatto e leggibile.

```
enum Opzioni {
    Opzione1 = 1,   // 0001 in binario
    Opzione2 = 2,   // 0010 in binario
    Opzione3 = 4,   // 0100 in binario
    Opzione4 = 8    // 1000 in binario
};
```

In questo caso, ogni enumeratore rappresenta una potenza di 2. È possibile combinare più opzioni utilizzando l'operatore di bit OR (|).

```
enum Opzioni opzioniSelezionate = Opzione1 | Opzione3;
```

In questo esempio, *opzioniSelezionate* sarà uguale a 5 in rappresentazione decimale (1 + 4) o 101 in binario, indicando che *Opzione1* e *Opzione3* sono entrambe attive.

Per verificare se un'opzione è attiva, si utilizza l'operatore di bit AND (&).
Questo permette di testare individualmente ciascun bit.

```
if (opzioniSelezionate & Opzione1) {
    // Opzione1 è attiva
}
```

In questo caso, l'istruzione condizionale restituirà true perché *opzioniSelezionate* include *Opzione1*.

L'utilizzo del Bitmasking con enumeratori garantisce alcuni vantaggi:

- Risparmio di spazio: utilizzare una singola variabile per rappresentare più opzioni occupa meno spazio in memoria rispetto a dichiarare una variabile separata per ciascuna opzione.

- Efficienza delle operazioni bitwise: le operazioni bitwise (AND, OR) sono efficienti e veloci, rendendo questo approccio adatto per operazioni frequenti.
- Leggibilità del codice: questa tecnica rende il codice più chiaro ed espressivo rispetto all'utilizzo di singoli valori numerici, migliorando la manutenibilità del codice.

Vediamo l'esempio completo:

```c
#include <stdio.h>

// Dichiarazione di un tipo enumerato con bitmasking
enum Opzioni {
    Opzione1 = 1,  // 0001 in binario
    Opzione2 = 2,  // 0010 in binario
    Opzione3 = 4,  // 0100 in binario
    Opzione4 = 8   // 1000 in binario
};

int main() {
    // Combinazione di più opzioni utilizzando l'operatore di bit OR (|)
    enum Opzioni opzioniSelezionate = Opzione1 | Opzione3;

    //Verifica se una specifica opzione è attiva utilizzando l'operatore AND (&)
    if (opzioniSelezionate & Opzione1) {
        printf("Opzione1 è attiva\n");
    } else {
        printf("Opzione1 non è attiva\n");
    }

    if (opzioniSelezionate & Opzione2) {
        printf("Opzione2 è attiva\n");
    } else {
        printf("Opzione2 non è attiva\n");
    }

    if (opzioniSelezionate & Opzione3) {
        printf("Opzione3 è attiva\n");
    } else {
        printf("Opzione3 non è attiva\n");
    }

    if (opzioniSelezionate & Opzione4) {
        printf("Opzione4 è attiva\n");
```

```
    } else {
        printf("Opzione4 non è attiva\n");
    }

    return 0;
}
```

In sintesi, il bitmasking con enumerativi è una strategia potente per gestire insiemi di opzioni o flag in modo efficiente, contribuendo a mantenere il codice pulito e facilmente comprensibile.

Utilizzo di typedef con enum

È possibile migliorare la leggibilità del codice associando un tipo enumerato un nuovo tipo di dato utilizzando la keyword *typedef*. Questo permette di creare alias e rendere il codice più espressivo.

```
typedef enum Stato {
    InCorso,
    Completato,
    Annullato
} StatoProgetto;
```

L'uso di *StatoProgetto* è ora equivalente a utilizzare *enum Stato*, migliorando la chiarezza del codice in situazioni in cui il tipo di dato può essere facilmente scambiato o esteso.

Le strutture e le unioni

Le strutture

Le strutture rappresentano uno strumento essenziale all'interno del linguaggio di programmazione C, consentendo di organizzare dati eterogenei in un'unica entità. A differenza degli array che trattano dati omogenei, le strutture permettono di raggruppare variabili di tipi diversi sotto un unico nome, facilitando la gestione di dati complessi.

Una struttura è una collezione di variabili, chiamate membri, ciascuna identificata da un nome univoco. Ogni membro può avere un tipo di dato diverso, consentendo la rappresentazione di informazioni più elaborate. La struttura viene definita mediante la parola chiave *struct*, seguita dal nome che identificherà la nuova tipologia di dato.

L'utilità delle strutture risiede nella loro capacità di modellare entità del mondo reale in modo più accurato. Ad esempio, se si vuole rappresentare un contatto telefonico, una struttura potrebbe comprendere membri come nome, numero di telefono e indirizzo email. Ciò consente di organizzare e manipolare tali informazioni in modo logico e coerente nel contesto di un programma. Le strutture sono quindi fondamentali per gestire dati complessi e migliorare la struttura e la comprensibilità del codice sorgente.

Dichiarazione e definizione delle strutture

Definizione di una struttura

La definizione di una struttura inizia con la parola chiave *struct*, seguita dal nome della struttura. Tra parentesi graffe {} si elencano i membri, ciascuno con un tipo di dato specifico. Questa fase crea un nuovo tipo di dato che può essere utilizzato in seguito nel programma. La definizione di una struttura non alloca memoria di per sé, ma serve come schema per le variabili di quel tipo.

Dichiarazione di variabili di tipo struttura

Una volta definita, è possibile dichiarare variabili di quel tipo di struttura. La dichiarazione avviene specificando *struct* seguito dal nome della struttura e dal nome della variabile. Questa operazione alloca memoria per la variabile e permette di utilizzare la struttura all'interno del programma.

Parola chiave typedef

Per semplificare la dichiarazione delle variabili di struttura, è possibile utilizzare la parola chiave *typedef*. Questa parola chiave consente di creare un alias per il tipo di struttura, permettendo dichiarazioni più concise. Invece di dover specificare *struct* ogni volta che si dichiara una variabile, si può utilizzare direttamente l'alias definito con *typedef*.

Accesso ai membri della struttura

Una volta dichiarata una variabile di tipo struttura, i suoi membri possono essere accessi utilizzando l'operatore punto (.). Questo operatore collega il nome della variabile al nome del membro, permettendo sia la lettura che la modifica del valore del membro.

```
#include <stdio.h>

// Definizione di una struttura
struct Punto {
    int x;
    int y;
};

int main() {
    // Dichiarazione di una variabile di tipo struct Punto
```

```
    struct Punto punto1;

    // Accesso e assegnazione ai membri della struttura
    punto1.x = 5;
    punto1.y = 10;

    // Stampa dei valori
    printf("Coordinate: (%d, %d)\n", punto1.x, punto1.y);

    return 0;
}
```

Strutture anonime e strutture annidate

Strutture Anonime

Le strutture anonime in C sono strutture definite senza un nome. Sono utili quando si desidera definire una struttura direttamente all'interno di un'altra struttura o in un contesto dove il nome non è necessario.

Esempio:

```
#include <stdio.h>

struct {
    int x;
    int y;
} punto;

int main() {
    punto.x = 10;
    punto.y = 20;
    printf("Punto: (%d, %d)\n", punto.x, punto.y);
    return 0;
}
```

In questo esempio, la struttura anonima contiene due membri, x e y, ma non ha un nome associato. La variabile punto è dichiarata direttamente utilizzando questa struttura anonima.

- Vantaggi delle strutture anonime
    - Semplicità: riduce la necessità di dichiarare un nome per la struttura.
    - Uso temporaneo: ideali per strutture che non necessitano di essere riutilizzate.
- Limitazioni delle strutture anonime
    - Riutilizzabilità: non possono essere riutilizzate facilmente in altre parti del programma.
    - Mantenibilità: possono complicare la manutenzione del codice se utilizzate in modo disorganizzato.

Strutture Nidificate

Le strutture nidificate sono strutture che contengono altre strutture come membri. Questo è utile per rappresentare relazioni gerarchiche o dati complessi.

Esempio:

```c
#include <stdio.h>

struct Data {
    int giorno;
    int mese;
    int anno;
};

struct Persona {
    char nome[50];
    int eta;
    struct Data dataNascita;
};

int main() {
    struct Persona p;

    // Assegnazione dei valori
    p.eta = 30;
    p.dataNascita.giorno = 15;
    p.dataNascita.mese = 6;
```

```
    p.dataNascita.anno = 1990;

    printf("Eta: %d\n", p.eta);
    printf("Data di nascita: %02d/%02d/%04d\n", p.dataNascita.giorno, p.dataNa-
scita.mese, p.dataNascita.anno);

    return 0;
}
```

In questo esempio, *struct Persona* contiene un membro *dataNascita* che è di tipo *struct Data*, creando così una struttura nidificata.

- Vantaggi delle strutture nidificate
  - Organizzazione: rappresenta relazioni complesse tra dati in modo strutturato.
  - Modularità: favorisce un design modulare, suddividendo i dati in componenti gestibili.
  - Riutilizzabilità: le strutture nidificate possono essere riutilizzate in diverse parti del programma.
- Considerazioni sull'uso delle strutture nidificate
  - Accesso ai membri: l'accesso ai membri di una struttura annidata richiede l'uso dell'operatore punto in sequenza, come *p.dataNascita.giorno*.
  - Performance: le strutture nidificate possono comportare un leggero overhead in termini di accesso, ma il vantaggio in termini di organizzazione dei dati solitamente supera questo svantaggio.
  - Manutenibilità: un uso eccessivo o disordinato delle strutture nidificate può complicare la manutenzione del codice.

Il padding

Quando si lavora con le strutture in C, è importante comprendere il concetto di "padding". Il padding si riferisce agli spazi vuoti inseriti dal compilatore tra i membri di una struttura per garantire l'allineamento dei dati in memoria. Questo processo è finalizzato a migliorare le prestazioni del programma, in quanto molte architetture di computer sono più efficienti nell'accesso a dati allineati.

Ma cosa si intende con allineamento dei dati?

L'allineamento dei dati è il modo in cui il compilatore organizza i dati in memoria, assicurandosi che i tipi di dato siano posizionati ad indirizzi in memoria multipli del loro requisito di allineamento. Ad esempio, un intero potrebbe richiedere un allineamento di 4 byte, mentre un double potrebbe richiedere un allineamento di 8 byte.

```
#include <stdio.h>

struct Esempio {
    char carattere;
    int intero;
    double doppio;
};
```

Nell'esempio sopra, il compilatore può inserire spazi vuoti tra i membri *carattere* e *intero* per garantire che l'intero inizi a un indirizzo allineato.

Supponiamo che su una particolare architettura il *char* richieda 1 byte, l'*int* richieda 4 byte e il *double* 8 byte. Con queste informazioni, possiamo calcolare la dimensione della struttura considerando il padding:

```
Dimensione della struttura = Dimensione(char) + Padding(char) + Dimensione(int) + Padding(int) + Dimensione(double)
```

Sostituendo i valori noti:

```
Dimensione della struttura = 1 + Padding(char) + 4 + Padding(int) + 8
```

Per calcolare il padding, è necessario considerare l'allineamento naturale di ciascun tipo di dato. Calcolando il padding corretto:

- Padding tra *char* e *int*: 3 byte (l'*int* è allineato a 4 byte, quindi il padding dopo il *char* è 3 byte per raggiungere un indirizzo multiplo di 4).
- Padding tra *int* e *double*: 0 byte (l'*int* è già allineato a 4 byte, quindi non è necessario alcun padding prima del *double*).

Sostituendo i valori di padding noti nella formula:

```
Dimensione della struttura = 1 + 3 + 4 + 0 + 8 = 16 byte
```

Quindi, la dimensione totale della struttura, considerando il padding, è di 16 byte. Questo è solo un esempio e la dimensione effettiva potrebbe variare a seconda dell'architettura e delle regole di allineamento specifiche del compilatore utilizzato.

Puoi verificare la dimensione della struct in esame attraverso una stampa nel codice:

```c
#include <stdio.h>

struct Esempio {
    char carattere;
    int intero;
    double doppio;
};

int main() {
    printf("size of Esempio: %ld\n", sizeof(struct Esempio));

    return 0;
}
```

Controllo del Padding

Il compilatore C può gestire automaticamente il padding per ottimizzare le prestazioni, ma in alcune situazioni è necessario controllare l'allineamento e ridurre lo spazio utilizzato. Per fare ciò, è possibile utilizzare la direttiva di allineamento #pragma pack:

```c
#include <stdio.h>

#pragma pack(1) // Imposta l'allineamento a 1 byte

struct Esempio {
    char carattere;
    int intero;
    double doppio;
};
```

L'uso di #pragma pack(1) garantisce che non ci siano spazi vuoti tra i membri della struttura, riducendo così lo spazio totale utilizzato in memoria.

Nell'esempio sopra quindi la dimensione totale della struct Esempio è:

```
Dimensione della struttura = 1 + 4 + 8 = 13 byte
```

Considerazioni sull'Efficienza

Mentre il controllo del padding può ridurre lo spazio utilizzato in memoria, è fondamentale bilanciare l'efficienza con la compatibilità delle piattaforme. Alcune architetture potrebbero richiedere l'allineamento naturale per ottenere prestazioni ottimali. Pertanto, l'uso del controllo del padding dovrebbe essere attentamente valutato in base ai requisiti specifici dell'applicazione e della piattaforma di destinazione.

La comprensione del padding nelle strutture è essenziale per scrivere codice efficiente e compatibile con le architetture target. L'equilibrio tra ottimizzazione e compatibilità è cruciale per garantire il corretto funzionamento del programma in diverse piattaforme.

Le Unioni

Le unioni in C sono simili alle strutture, ma con una differenza fondamentale: mentre le strutture consentono di avere membri che occupano spazi di memoria distinti, le unioni permettono ai membri di condividere lo stesso spazio di memoria. Questo significa che in una unione, solo un membro alla volta può contenere un valore significativo. Le unioni sono utili quando è necessario risparmiare memoria e si sa che i membri non verranno utilizzati contemporaneamente.

Definizione e Utilizzo delle Unioni

Le unioni vengono definite usando la parola chiave *union*, seguita dal nome della unione e dai membri racchiusi tra parentesi graffe {}.

```c
#include <stdio.h>

union Numero {
    int intero;
    float virgolaMobile;
};

int main() {
    union Numero num;

    num.intero = 42;
    printf("Intero: %d\n", num.intero);

    num.virgolaMobile = 3.14;
    printf("Virgola Mobile: %f\n", num.virgolaMobile);

    // L'accesso al membro intero ora restituirà un valore non definito
    printf("Intero (dopo assegnazione a virgolaMobile): %d\n", num.intero);

    return 0;
}
```

Output:

```
Intero: 42
Virgola Mobile: 3.140000
Intero (dopo assegnazione a virgolaMobile): 1078523331
```

In questo esempio, l'unione *Numero* può contenere un intero o un float, ma non entrambi contemporaneamente. L'assegnazione di un valore a *num.virgolaMobile* sovrascrive il valore di *num.intero*.

Differenze tra Strutture e Unioni

- Allocazione di memoria:
    - Strutture: ogni membro ha il proprio spazio di memoria. La dimensione totale della struttura è la somma delle dimensioni dei suoi membri, più eventuale padding.
    - Unioni: tutti i membri condividono lo stesso spazio di memoria. La dimensione dell'unione è pari alla dimensione del membro più grande.
- Accesso ai membri:
    - Strutture: è possibile accedere a tutti i membri contemporaneamente.
    - Unioni: è possibile accedere solo a un membro alla volta; l'accesso a un altro membro sovrascrive il valore del precedente.
- Utilizzo:
    - Strutture: ideali per rappresentare oggetti complessi dove tutti i membri sono rilevanti contemporaneamente.
    - Unioni: utili per risparmiare memoria quando è necessario memorizzare diversi tipi di dati, ma solo uno di essi è rilevante in un dato momento.

Esempio di Differenza tra Struttura e Unione

L'obiettivo di questo esercizio è illustrare come le dimensioni della memoria differiscono tra una struttura e una unione. Questo esempio ci aiuterà a comprendere meglio come il linguaggio C gestisce l'allocazione della memoria per strutture e unioni.

Nel codice fornito, definiamo una struttura *struct S* e una unione *union U*, entrambe contenenti un intero (int), un numero in virgola mobile (float) e un carattere (char). Utilizziamo la funzione *sizeof* per stampare le dimensioni in byte della struttura e dell'unione, mettendo in evidenza la differenza di memoria allocata per ciascun tipo di dato.

Analizzeremo l'output per osservare che la dimensione della struttura è la somma delle dimensioni dei suoi membri, mentre la dimensione dell'unione corrisponde alla dimensione del suo membro più grande.

```c
#include <stdio.h>

// Definizione di una struttura
struct S {
    int i;
    float f;
    char c;
};

// Definizione di una unione
union U {
    int i;
    float f;
    char c;
};

int main() {
    struct S s;
    union U u;

    printf("Dimensione della struttura: %ld\n", sizeof(s));
    printf("Dimensione dell'unione: %ld\n", sizeof(u));
```

```
    return 0;
}
```

Output:

```
Dimensione della struttura: 12
Dimensione dell'unione: 4
```

In questo esempio, la dimensione della struttura sarà la somma delle dimensioni dei suoi membri, mentre la dimensione dell'unione sarà pari alla dimensione del membro più grande.

Le funzioni

Le funzioni rappresentano le unità fondamentali di organizzazione e modularità. Immagina un'orchestra sinfonica: ogni strumento, con la sua parte specifica, contribuisce all'armonia dell'insieme. Analogamente, in C, le funzioni permettono di scomporre problemi complessi in pezzi più gestibili e riutilizzabili. Questo non solo rende il codice più leggibile, ma facilita anche la manutenzione e il debugging.

Le funzioni in C sono un potente strumento che consente di astrarre comportamenti, incapsulare logiche e costruire programmi più robusti ed efficienti. Attraverso le funzioni, possiamo definire operazioni specifiche una volta e utilizzarle ovunque nel nostro codice, promuovendo così la riusabilità e riducendo la ripetizione.

In questo capitolo, esploreremo le basi delle funzioni, dalla loro dichiarazione e definizione, passando per i tipi di ritorno e i parametri, fino ad arrivare a concetti avanzati come le funzioni ricorsive e le funzioni di libreria. Comprenderemo come passare i parametri per valore e per riferimento e come gestire la visibilità delle variabili con lo scope delle funzioni. Ogni sezione sarà arricchita da esempi pratici, che ti guideranno passo dopo passo nell'arte di scrivere e utilizzare le funzioni in C.

Introduzione alle funzioni

Le funzioni rappresentano un concetto fondamentale nella programmazione, fornendo un modo organizzato e riutilizzabile per strutturare il codice. Immagina una funzione come un blocco di istruzioni che svolge una specifica attività quando chiamato all'interno del programma. Questa modularità è essenziale per scrivere codice comprensibile, manutenibile ed efficiente.

Blocchi di codice riutilizzabili

Le funzioni consentono di organizzare il codice in blocchi autonomi, separando le diverse parti del programma in unità logiche. Questo non solo rende il codice più chiaro, ma facilita anche il riutilizzo delle stesse operazioni in diverse parti del programma. In altre parole, invece di scrivere ripetutamente lo stesso codice, puoi definire una funzione che esegue una specifica operazione e chiamarla ogni volta che hai bisogno di eseguire tale operazione.

Sintassi di base di una funzione in C

La sintassi di base di una funzione in C è abbastanza semplice. Inizia con il tipo di dato restituito dalla funzione, seguito dal nome della funzione e le parentesi tonde che possono contenere i parametri necessari per l'esecuzione della funzione. Il blocco di codice della funzione è racchiuso tra parentesi graffe. Ecco un esempio:

```c
int somma(int a, int b) {
    int result;
    result = a + b;
    return result;
}
```

In questo esempio, la funzione *somma* accetta due parametri di tipo intero, esegue l'operazione di somma, che memorizza nella variabile locale *result* e restituisce il risultato al chiamante della funzione.

Dichiarazione e definizione di funzioni

La dichiarazione di una funzione fornisce informazioni al compilatore sulla struttura e il tipo di ritorno della funzione (comunemente detto prototipo o firma della funzione). La definizione, d'altra parte, fornisce l'implementazione effettiva della funzione, specificando cosa deve fare quando viene chiamata. Di solito, la dichiarazione precede la definizione:

```c
// Dichiarazione della funzione
```

```c
int somma(int a, int b);

int main() {
    // Chiamata alla funzione
    int risultato = somma(3, 4);

    // Stampare il risultato
    printf("La somma è: %d\n", risultato);

    return 0;
}
// Definizione della funzione
int somma(int a, int b) {
    return a + b;
}
```

Questa distinzione tra dichiarazione e definizione permette al compilatore di conoscere l'esistenza della funzione prima che venga effettivamente utilizzata nel codice.

Parametri e ritorno delle funzioni

I parametri permettono alle funzioni di ricevere dati dall'esterno, mentre il valore di ritorno consente di comunicare informazioni al chiamante. Esaminiamo approfonditamente questi concetti, illustrando come vengono utilizzati e come influenzano la struttura e il comportamento delle funzioni.

Parametri e argomenti

I parametri sono variabili dichiarate nella firma di una funzione e vengono utilizzate per passare informazioni alla funzione quando viene chiamata. Gli argomenti sono i valori effettivi forniti durante la chiamata di una funzione. Ad esempio, nella funzione *somma(int a, int b)*, *a* e *b* sono parametri, mentre nella chiamata *somma(3, 4)*, *3* e *4* sono gli argomenti passati alla funzione.

Passaggio dei parametri

Il passaggio dei parametri è un concetto fondamentale nella programmazione in C e influisce sull'interazione tra le funzioni e il resto del programma. In C, i parametri possono essere passati per valore o per riferimento, e questa distinzione ha impatti significativi sulla gestione dei dati all'interno delle funzioni.

1. Passaggio per valore:

Il passaggio per valore è il metodo di default in C. Quando si passano i parametri per valore, la funzione riceve una copia dei dati passati come argomenti. Questo significa che le modifiche apportate ai parametri all'interno della funzione non influenzano gli argomenti originali forniti dal chiamante.

```c
#include <stdio.h>

// Dichiarazione della funzione
void incrementa(int x);

int main() {
    int numero = 5;

    // Chiamata alla funzione con il valore di 'numero'
    incrementa(numero);

    // Stampare il valore di 'numero' (non modificato)
    printf("Il numero è: %d\n", numero);

    return 0;
}
// Definizione della funzione
void incrementa(int x) {
    x++; // Modifica la copia del valore passato
}
```

Output:

```
Il numero è: 5
```

In questo esempio, la funzione *incrementa* riceve una copia del valore di numero e incrementa questa copia. Tuttavia, il valore di *numero* nel blocco *main* rimane invariato, poiché la funzione ha lavorato solo su una copia del dato.

2. Passaggio per riferimento (con puntatori)

Per ottenere un passaggio per riferimento in C, si possono utilizzare i puntatori. Passando un puntatore come parametro, è possibile accedere direttamente alla posizione di memoria dell'argomento originale, consentendo alle funzioni di modificarne il contenuto.

```c
#include <stdio.h>

// Dichiarazione della funzione con un puntatore
void incrementaConPuntatore(int *x);

int main() {
    int numero = 5;

    // Chiamata alla funzione con il puntatore all'indirizzo di 'numero'
    incrementaConPuntatore(&numero);

    // Stampare il valore di 'numero' (modificato)
    printf("Il numero è: %d\n", numero);

    return 0;
}
// Definizione della funzione
void incrementaConPuntatore(int *x) {
    (*x)++; // Modifica il valore a cui punta il puntatore
}
```

Output:

```
Il numero è: 6
```

In questo esempio, la funzione *incrementaConPuntatore* accetta un puntatore e modifica direttamente il valore a cui punta. La chiamata *incrementaConPuntatore(&numero)* passa l'indirizzo di memoria di numero alla funzione, consentendole di modificarne il valore effettivo.

Considerazioni sul passaggio per valore e per riferimento

Il passaggio per valore è efficiente e semplice, ma le modifiche ai parametri non influiscono sugli argomenti originali. D'altra parte, il passaggio per riferimento consente alle funzioni di modificare direttamente i dati forniti dal chiamante, ma richiede un maggiore livello di attenzione per evitare errori.

La scelta tra passaggio per valore e per riferimento dipende dalla situazione specifica e dalla necessità di modifica degli argomenti originali. In generale, il passaggio per valore è sufficiente quando non si desidera modificare gli argomenti originali, mentre il passaggio per riferimento è utile quando le modifiche all'argomento devono essere riflesse nell'ambito del chiamante.

Valore di ritorno delle funzioni

Il valore di ritorno di una funzione è il dato che restituisce al chiamante dopo aver eseguito le sue operazioni. La dichiarazione di una funzione specifica il tipo di dato che restituirà. Ad esempio, nella funzione somma dell'esempio precedente, il tipo di ritorno è *int* poiché la funzione restituisce la somma di due interi.

```
// Dichiarazione della funzione con tipo di ritorno 'int'
int somma(int a, int b);
```

Nella definizione della funzione, l'istruzione *return* viene utilizzata per restituire il valore calcolato al chiamante:

```
// Definizione della funzione
int somma(int a, int b) {
    return a + b;
}
```

Nella chiamata della funzione, il valore di ritorno può essere assegnato a una variabile o utilizzato direttamente in un'espressione.

Gestione dei valori di ritorno

I valori di ritorno delle funzioni sono spesso utilizzati per passare informazioni importanti al chiamante. Ad esempio, una funzione che calcola la media di una serie di numeri potrebbe restituire il risultato per consentire al chiamante di utilizzarlo in ulteriori calcoli o stamparlo.

```c
#include <stdio.h>

// Dichiarazione della funzione
double calcolaMedia(double array[], int lunghezza);

int main() {
    double numeri[] = {2.5, 4.0, 6.7, 8.1, 9.3};

    // Chiamata alla funzione e assegnazione del valore di ritorno
    double media = calcolaMedia(numeri, 5);

    // Stampare il risultato
    printf("La media è: %lf\n", media);

    return 0;
}
// Definizione della funzione
double calcolaMedia(double array[], int lunghezza) {
    double somma = 0.0;

    for (int i = 0; i < lunghezza; i++) {
        somma += array[i];
    }

    // Restituzione della media
    return somma / lunghezza;
}
```

Output:

```
La media è: 6.120000
```

In questo esempio, la funzione *calcolaMedia* restituisce la media dei numeri nell'array, che viene quindi assegnata alla variabile media nel blocco main.

Funzioni che non restituiscono nulla

In C, esistono situazioni in cui una funzione non restituisce alcun valore al chiamante. Questo può avvenire per due motivi principali: una funzione può essere dichiarata con il tipo di ritorno *void*, oppure può essere annotata con l'attributo *_Noreturn* introdotto in C11, che indica che la funzione non ritorna mai al chiamante (tipicamente perché termina l'esecuzione del programma).

Funzioni void

Una funzione *void* è una funzione che non restituisce alcun valore. Questo è utile quando una funzione esegue un'azione specifica ma non necessita di fornire un risultato al chiamante. Ad esempio:

```c
#include <stdio.h>

// Funzione che non restituisce alcun valore
void stampaMessaggio() {
    printf("Ciao, mondo!\n");
}

int main() {
    // Chiamata alla funzione void
    stampaMessaggio();
    return 0;
}
```

Output:

```
Ciao, mondo!
```

In questo esempio, la funzione *stampaMessaggio* esegue l'azione di stampare un messaggio su console, ma non restituisce alcun valore.

Funzioni _Noreturn

Il qualificatore *_Noreturn*, introdotto nello standard C11, viene utilizzato per indicare che una funzione non restituirà mai il controllo al chiamante. Questo è tipicamente utilizzato per funzioni che terminano il programma, come le funzioni di gestione degli errori critici. L'uso di *_Noreturn* aiuta i compilatori ad ottimizzare il codice e a prevenire avvisi inutili sul flusso di controllo del programma.

L'attributo *_Noreturn* è definito in *<stdnoreturn.h>*. Ecco un esempio di come utilizzarlo:

```c
#include <stdnoreturn.h>
#include <stdio.h>
#include <stdlib.h>

// Funzione che non restituisce alcun valore
_Noreturn void exitWithError() {
    fprintf(stderr, "Errore critico!\n");
    exit(EXIT_FAILURE);
}

int main() {
    // Chiamata a una funzione con _Noreturn
    exitWithError();

    // Il codice qui non sarà mai eseguito a causa dell'uscita dalla funzione sopra.
    return 0;
}
```

Output:

```
Errore critico!
```

In questo esempio, la funzione *exitWithError* stampa un messaggio di errore critico e termina l'esecuzione del programma utilizzando *exit(EXIT_FAILURE);*. Il qualificatore *_Noreturn* informa il compilatore che questa funzione non ritornerà mai al chiamante, quindi il codice successivo alla chiamata di *exitWithError* nel main non verrà mai eseguito.

L'uso di *_Noreturn* può migliorare la leggibilità del codice e fornire al compilatore informazioni utili per l'ottimizzazione. È particolarmente utile nelle situazioni in cui è fondamentale chiarire che il flusso di esecuzione non continuerà oltre una certa chiamata di funzione.

La funzione main()

Ogni programma C destinato a essere eseguito in un ambiente di esecuzione deve contenere la definizione (non il prototipo) di una funzione chiamata *main*, che è il punto di inizio designato del programma. La funzione *main* può essere scritta in diverse forme, ma le più comuni sono senza argomenti e con argomenti, questi ultimi tipicamente utilizzati per passare parametri dalla linea di comando.

Definizione di base della funzione main()

La forma più semplice della funzione main non accetta argomenti e viene definita come segue:

```
#include <stdio.h>

int main(void) {
    // Corpo della funzione main
    return 0; // Ritorno convenzionale per indicare la terminazione senza errori
}
```

In questa versione, *main* è dichiarata con il tipo di ritorno *int*, il che significa che restituisce un valore intero al sistema operativo al termine dell'esecuzione. Il valore di ritorno o indica che il programma è terminato senza errori. Il corpo della funzione *main* contiene il codice che costituisce il nucleo del programma.

La funzione main con argomenti

La funzione *main* può anche accettare argomenti dalla linea di comando, fornendo al programma informazioni sull'avvio. Questa forma estesa è particolarmente utile quando è necessario passare dati al programma al momento dell'esecuzione. La sintassi è la seguente:

```c
#include <stdio.h>

int main(int argc, char *argv[]) {
    // Verifica se ci sono almeno due argomenti passati (nome del programma incluso)
    if (argc < 2) {
        printf("Utilizzo: %s <argomento1> <argomento2> ...\n", argv[0]);
        return 1; // Ritorno non convenzionale per indicare un errore
    }

    // Stampa il nome del programma (argv[0])
    printf("Nome del programma: %s\n", argv[0]);

    // Stampa gli argomenti passati
    printf("Argomenti passati:\n");
    for (int i = 1; i < argc; i++) {
        printf("Argomento #%d: %s\n", i, argv[i]);
    }

    return 0; // Ritorno convenzionale per indicare la terminazione senza errori
}
```

Spiegazione degli argomenti argc e argv

- argc (argoments count): È un intero che rappresenta il numero di argomenti passati al programma dalla linea di comando. Questo conteggio include sempre il nome del programma come primo argomento, quindi *argc* è almeno 1.

- argv (argoments vector): È un array di puntatori a caratteri (stringhe in C) che contiene gli argomenti passati al programma. *argv[0]* è il nome del programma stesso, mentre *argv[1]* fino a *argv[argc-1]* sono gli argomenti forniti dall'utente.

Esempio dettagliato

Nel programma precedente:

- Verifica degli argomenti: Il programma controlla se *argc* è inferiore a 2, il che significa che nessun argomento (oltre al nome del programma) è stato passato. In tal caso, stampa un messaggio di utilizzo e restituisce 1 per indicare un errore.
- Stampa del nome del programma: *argv[0]* contiene il nome del programma. Questo è utile per generare messaggi di aiuto o di errore specifici.
- Stampa degli argomenti: Un ciclo for viene utilizzato per iterare attraverso gli argomenti forniti (da *argv[1]* a *argv[argc-1]*) e stamparli.

Questo esempio mostra come utilizzare gli argomenti della linea di comando per rendere il programma più versatile e interattivo. La capacità di gestire gli argomenti della linea di comando è fondamentale per molti tipi di applicazioni, inclusi i programmi di utilità e gli programmi per l'automazione di compiti.

Ipotizziamo di eseguire il programma (nominato *main*) da linea di comando: l'output che si ottiene è il seguente:

```
.\main.exe 2
main.exe
Argomenti passati:
Argomento #1: 2
```

Ricorsione

La ricorsione è un concetto potente e affascinante nella programmazione che si basa sull'idea che una funzione può chiamare se stessa. Questa tecnica offre un modo elegante per risolvere problemi complessi scomponendoli in problemi più piccoli e gestibili.

Definizione di ricorsione

La ricorsione è un'approccio in cui una funzione si chiama direttamente o indirettamente per risolvere un problema più grande. Ogni chiamata della funzione affronta una versione più piccola del problema fino a raggiungere una condizione di base, che interrompe le chiamate ricorsive e restituisce un risultato. La chiave della ricorsione è la suddivisione del problema in sottoproblemi più gestibili.

Esempio semplice di ricorsione

Consideriamo un classico esempio di ricorsione: il calcolo del fattoriale di un numero. Il fattoriale di un numero n (indicato con n!) è il prodotto di tutti i numeri interi da 1 a n. La definizione ricorsiva del fattoriale è la seguente:

$$n! = n \times (n-1)!$$

con la condizione di base: $0! = 1$

Ora, vediamo come implementare questa definizione in C:

```c
#include <stdio.h>

// Dichiarazione della funzione ricorsiva per il calcolo del fattoriale
int fattoriale(int n);

int main() {
    int numero = 5;
```

```c
    // Chiamata alla funzione per calcolare il fattoriale
    int risultato = fattoriale(numero);

    // Stampare il risultato
    printf("Il fattoriale di %d è %d\n", numero, risultato);

    return 0;
}
// Definizione della funzione ricorsiva
int fattoriale(int n) {
    // Condizione di base
    if (n == 0 || n == 1) {
        return 1;
    } else {
        // Chiamata ricorsiva
        return n * fattoriale(n - 1);
    }
}
```

Output:

```
Il fattoriale di 5 è 120
```

Ricorsione e stack di chiamate

Quando una funzione viene chiamata, il computer alloca uno spazio nella memoria noto come "stack di chiamate" per mantenere le informazioni relative a quella chiamata specifica. Queste informazioni includono i parametri della funzione, l'indirizzo di ritorno (ovvero, l'indirizzo della prossima istruzione da eseguire quando la funzione termina) e altre informazioni di stato. Una volta che la funzione termina, lo spazio precedentemente allocato nello stack viene liberato.

Quando una funzione viene chiamata ricorsivamente, si verificano nuove allocazioni di spazio nello stack di chiamate. Ogni chiamata ricorsiva ha il proprio set di parametri e altre informazioni di stato che devono essere mantenute finché la chiamata non raggiunge la condizione di base e termina.

Condizione di base e stack overflow

La condizione di base in una funzione ricorsiva è critica per evitare che la ricorsione continui indefinitamente. Se la condizione di base non viene mai soddisfatta, le chiamate ricorsive continuano ad aggiungere nuovi frame allo stack di chiamate senza mai liberare spazio. Questo può portare a un esaurimento delle risorse dello stack, noto come "stack overflow".

Lo "stack overflow" si verifica quando lo stack di chiamate è completamente occupato da chiamate ricorsive senza che esse terminino. Quando ciò accade, il programma viene interrotto e può generare un errore o un arresto anomalo.

Nell'esempio del fattoriale, nel caso in cui non avessimo la condizione di base (n == 0 || n == 1), la funzione continuerebbe a chiamare se stessa con valori sempre più piccoli di n. Senza una fine definita, questo potrebbe portare a un esaurimento dello stack di chiamate.

Gestione adeguata della ricorsione

Per evitare problemi di stack overflow, è essenziale assicurarsi che la ricorsione raggiunga una condizione di base e termini in modo appropriato. La condizione di base agisce come un meccanismo di arresto che impedisce alla ricorsione di proseguire all'infinito. Inoltre, è possibile ottimizzare alcune implementazioni ricorsive attraverso tecniche come la "ricorsione in coda", che può essere ottimizzata dai compilatori per evitare l'accumulo di frame nello stack.

Vantaggi della ricorsione

La ricorsione può rendere il codice più chiaro e conciso, soprattutto quando si affrontano problemi che possono essere naturalmente scomposti in sottoproblemi. Tuttavia, è importante utilizzarla con attenzione, poiché può comportare un overhead significativo in termini di memoria e prestazioni.

1. Overhead di Memoria:

Quando una funzione viene chiamata ricorsivamente, ogni chiamata aggiunge uno stack frame (frame di stack) allo stack di chiamate. Questo frame contiene i parametri della funzione, le variabili locali e l'indirizzo di ritorno. Con molte chiamate ricorsive, questo può portare a una crescita dello stack di chiamate, occupando una quantità significativa di memoria.

Ogni stack frame deve essere mantenuto fino a quando la corrispondente chiamata ricorsiva non termina. Solo allora il frame può essere rimosso dallo stack per recuperare memoria. Se il numero di chiamate ricorsive è elevato, si potrebbe verificare un consumo considerevole di memoria.

2. Overhead di prestazioni:

Oltre al consumo di memoria, la ricorsione può comportare un overhead in termini di prestazioni. Ogni chiamata ricorsiva introduce un certo livello di complessità e può richiedere tempo aggiuntivo per l'esecuzione. L'accumulo di stack frames e l'esecuzione di istruzioni di gestione delle chiamate ricorsive possono aumentare il tempo totale di esecuzione del programma.

Inoltre, la ricorsione può essere meno efficiente rispetto a un'implementazione iterativa di un algoritmo equivalente. Alcuni compilatori possono ottimizzare alcune forme di ricorsione, ma in alcuni casi, la versione iterativa può essere più efficiente in termini di velocità di esecuzione e uso della memoria.

<u>Utilizzo attento della ricorsione</u>

Pertanto, quando si utilizza la ricorsione, è importante farlo con attenzione, soprattutto in contesti in cui le risorse di memoria e le prestazioni sono critiche. In alcune situazioni, è possibile riscrivere una soluzione ricorsiva in modo iterativo, riducendo così l'overhead associato alla ricorsione.

Le Funzioni inline

Le funzioni *inline* sono una caratteristica introdotta nello standard C99 che permette ai programmatori di suggerire al compilatore di inserire il corpo della funzione direttamente nei punti in cui viene chiamata. Questo può ridurre l'overhead di chiamata della funzione e potenzialmente migliorare le prestazioni, specialmente per funzioni molto semplici e chiamate frequentemente.

Dichiarazione di Funzioni Inline

Per dichiarare una funzione come inline, si utilizza il qualificatore *inline* nella dichiarazione della funzione. Ecco un esempio di una semplice funzione inline:

```c
#include <stdio.h>

// Dichiarazione e definizione di una funzione inline
static inline int square(int x) {
    return x * x;
}

int main() {
    int num = 5;
    printf("Il quadrato di %d e' %d\n", num, square(num));
    return 0;
}
```

Output:

```
Il quadrato di 5 è 25
```

In questo esempio, la funzione *square* è dichiarata *inline* (la keyword *static* garantisce che la funzione sia visibile solo all'interno del file in cui è dichiarata, evitando problemi di linkage), suggerendo al compilatore di sostituire le chiamate a *square* con il suo corpo, riducendo così il tempo di esecuzione della funzione.

Benefici delle Funzioni Inline

- Riduzione dell'Overhead di chiamata: poiché il codice della funzione viene inserito direttamente nei punti di chiamata, si evita l'overhead di una chiamata di funzione, come il salvataggio dello stato dei registri e l'allocazione dello stack.
- Ottimizzazioni del compilatore: il compilatore può applicare ulteriori ottimizzazioni locali poiché ha visibilità completa sul corpo della funzione inline in ogni punto di utilizzo.

Considerazioni sulle Funzioni Inline

- Dimensione del codice: un uso eccessivo delle funzioni inline può aumentare significativamente la dimensione del codice binario, poiché il corpo della funzione viene copiato in ogni punto di chiamata.
- Suggerimento al compilatore: il qualificatore *inline* è solo un suggerimento. Il compilatore può scegliere di ignorarlo e trattare la funzione come una normale funzione non inline, se ritiene che sia più efficiente.

Le funzioni variadiche

Le funzioni variadiche in C offrono la flessibilità di gestire un numero variabile di argomenti. Questo concetto è particolarmente utile quando non è noto a priori quanti argomenti una funzione dovrà elaborare. Per implementare funzioni variadiche, C fornisce l'header *stdarg.h*, il quale definisce un insieme di macro per accedere agli argomenti.

Dichiarazione di funzioni variadiche

La dichiarazione di una funzione variadica include l'indicatore ... nella lista degli argomenti. Tuttavia, per accedere agli argomenti variabili, è necessario utilizzare il set di macro fornito da *stdarg.h*. La funzione varia in base ai tipi di argomenti che deve gestire.

Ecco una dichiarazione generica:

```
#include <stdarg.h>

// Dichiarazione di una funzione variadica
int funzioneVariadica(int arg1, ...);
```

Utilizzo di stdarg.h:

Le macro definite in *stdarg.h* permettono di accedere agli argomenti variabili all'interno di una funzione variadica. Le principali sono *va_list*, *va_start*, *va_arg*, e *va_end*.

- va_list: tipo di dato utilizzato per mantenere le informazioni sugli argomenti variabili.
- va_start: inizializza una va_list per accedere agli argomenti successivi.
- va_arg: restituisce l'argomento successivo di un determinato tipo dalla va_list.
- va_end: pulisce la va_list dopo l'uso.

Ecco un esempio di implementazione di una funzione variadica che calcola la somma di una sequenza di numeri:

```
#include <stdio.h>
#include <stdarg.h>

// Funzione variadica per calcolare la somma
int sommaVariadica(int count, ...) {
    int somma = 0;

    // Inizializza la lista di argomenti
    va_list args;
    va_start(args, count);
```

```c
    // Somma gli argomenti
    for (int i = 0; i < count; i++) {
        somma += va_arg(args, int);
    }

    // Pulisce la lista di argomenti
    va_end(args);

    return somma;
}
int main() {
    // Esempio di utilizzo della funzione variadica
    int risultato = sommaVariadica(3, 10, 20, 30);

    // Stampare il risultato
    printf("La somma e': %d\n", risultato);

    return 0;
}
```

Output:

```
La somma è: 60
```

In questo esempio, la funzione *sommaVariadica* accetta un numero variabile di argomenti di tipo intero. La variabile *count* indica il numero totale di argomenti, e *va_arg* viene utilizzata per ottenere ciascun argomento dalla *va_list*.

Limitazioni e considerazioni

Le funzioni variadiche sono uno strumento molto utile in diversi contesti, ma devono essere utilizzate con attenzione. Poiché la loro flessibilità comporta una mancanza di informazioni sul tipo degli argomenti, è responsabilità dello sviluppatore garantire la correttezza durante l'esecuzione. Un uso scorretto delle funzioni variadiche può portare a comportamenti imprevedibili e errori difficili da individuare.

Le Funzioni Callback

Una funzione di callback è una funzione che viene passata come parametro a un'altra funzione e viene invocata (chiamata) all'interno di quella funzione. Le funzioni di callback sono spesso utilizzate in situazioni dove si ha bisogno di eseguire una specifica azione in risposta a un evento o per personalizzare il comportamento di una funzione generica.

Dichiarazione e utilizzo delle funzioni di Callback

Per utilizzare le funzioni di callback in C, è necessario comprendere i puntatori a funzione. Un puntatore a funzione (vedi capitolo Puntatori a funzione) è una variabile che memorizza l'indirizzo di una funzione.

Esempio 1: Funzione di Callback Semplice

Ecco un esempio di una funzione di callback che viene utilizzata per stampare un messaggio:

```c
#include <stdio.h>

// Dichiarazione di una funzione di callback
void print_message(const char *message) {
    printf("%s\n", message);
}

// Funzione che accetta un puntatore a funzione come parametro
void execute_callback(void (*callback)(const char *), const char *message) {
    // Chiamata alla funzione di callback
    callback(message);
}

int main() {
    // Passaggio della funzione di callback
    execute_callback(print_message, "Ciao, Mondo!");
    return 0;
```

```
}
```

Output:

```
Hello, World!
```

In questo esempio, *execute_callback* accetta un puntatore a funzione callback che prende un *const char ** come parametro. All'interno di *execute_callback*, viene chiamata la funzione di callback con il messaggio passato.

Le funzioni di callback possono anche accettare e restituire valori complessi. Ecco un esempio con una funzione di confronto utilizzata per ordinare un array:

Esempio 2: Ordinamento con Funzione di Callback

```c
#include <stdio.h>
#include <stdlib.h>

// Funzione di confronto per l'ordinamento in ordine crescente
int compare_ascending(const void *a, const void *b) {
    return (*(int*)a - *(int*)b);
}

// Funzione di confronto per l'ordinamento in ordine decrescente
int compare_descending(const void *a, const void *b) {
    return (*(int*)b - *(int*)a);
}

// Funzione per stampare un array
void print_array(int *array, size_t size) {
    for (size_t i = 0; i < size; i++) {
        printf("%d ", array[i]);
    }
    printf("\n");
}

int main() {
    int numbers[] = { 5, 2, 9, 1, 5, 6 };
    size_t size = sizeof(numbers) / sizeof(numbers[0]);

    // Ordinamento in ordine crescente
```

```
    qsort(numbers, size, sizeof(int), compare_ascending);
    printf("Ordinato in ordine crescente: ");
    print_array(numbers, size);

    // Ordinamento in ordine decrescente
    qsort(numbers, size, sizeof(int), compare_descending);
    printf("Ordinato in ordine decrescente: ");
    print_array(numbers, size);

    return 0;
}
```

Output:

```
Ordinato in ordine crescente: 1 2 5 5 6 9
Ordinato in ordine decrescente: 9 6 5 5 2 1
```

In questo esempio, la funzione *qsort* della libreria standard di C utilizza una funzione di callback per determinare l'ordine degli elementi. Le funzioni *compare_ascending* e *compare_descending* sono passate come parametri a *qsort* per ordinare l'array in ordine crescente e decrescente, rispettivamente.

Applicazioni Pratiche delle Funzioni di Callback

Le funzioni di callback trovano molte applicazioni pratiche, tra cui:

- Gestione di eventi: le callback sono comunemente usate nei sistemi basati su eventi, come GUI o server web, per gestire eventi come click di pulsanti o richieste HTTP.
- Librerie di sorting: le funzioni di ordinamento, come qsort, utilizzano callback per personalizzare il criterio di ordinamento.
- Iterazione su collezioni: le callback possono essere utilizzate per eseguire operazioni specifiche su ciascun elemento di una collezione.

Scope, visibilità e durata

Nel linguaggio C, i concetti di scope (ambito), visibilità e durata delle variabili sono cruciali per una gestione efficiente delle risorse e per la scrittura di codice robusto, leggibile e manutenibile. Comprendere questi concetti permette di evitare errori comuni come la sovrascrittura accidentale delle variabili, l'uso di variabili non inizializzate e molto altro, garantendo così che il codice funzioni correttamente in ogni situazione.

In questo capitolo esploreremo in dettaglio ciascuno di questi concetti, fornendo esempi pratici e spiegazioni approfondite per chiarire come come possono essere utilizzati efficacemente nel linguaggio C. Attraverso questa analisi, imparerai a scrivere codice più efficiente, sicuro e manutenibile, migliorando la tua abilità di programmazione e la qualità del tuo software.

Scope

Il concetto di scope (ambito) nel linguaggio C è cruciale per comprendere dove e come le variabili possono essere utilizzate all'interno di un programma. Lo scope di una variabile determina la porzione del codice in cui essa è definita e può essere referenziata (l'atto di utilizzare il nome di quella variabile per accedere al suo valore o per manipolarlo all'interno del programma). Una buona comprensione dello scope permette di evitare errori come la sovrascrittura accidentale di variabili e l'uso di variabili non inizializzate, garantendo un codice più chiaro e manutenibile.

Tipi di Scope

Scope di Blocco

Lo scope di blocco riguarda le variabili dichiarate all'interno di un blocco delimitato da {}. Queste variabili sono visibili solo all'interno del blocco stesso e cessano di esistere una volta che l'esecuzione esce dal blocco.

Esempio:

```c
#include <stdio.h>

int main() {
    {
        int varBlocco = 10;   // Variabile con scope di blocco
        printf("Dentro il blocco: %d\n", varBlocco);
    }
    // printf("Fuori dal blocco: %d\n", varBlocco); // Errore: varBlocco non è visibile qui
    return 0;
}
```

In questo esempio, *varBlocco* è visibile e utilizzabile solo all'interno del blocco in cui è stata dichiarata.

Scope di Funzione

Lo scope di funzione si riferisce alle variabili dichiarate all'interno di una funzione. Queste variabili sono visibili solo all'interno della funzione stessa e non possono essere utilizzate al di fuori di essa.

Esempio:

```c
#include <stdio.h>

void mia_funzione() {
    int varFunzione = 20;   // Variabile con scope di funzione
    printf("Dentro la funzione: %d\n", varFunzione);
}

int main() {
    mia_funzione();
    // printf("Fuori dalla funzione: %d\n", varFunzione); // Errore: varFunzione non è visibile qui
```

```
        return 0;
}
```

In questo caso, *varFunzione* è visibile solo all'interno della funzione mia_*funzione* e non può essere utilizzata in *main*.

Scope globale

Lo scope globale riguarda le variabili dichiarate al di fuori di tutte le funzioni. Queste variabili sono visibili in tutto il file in cui sono dichiarate e possono essere utilizzate in qualsiasi funzione all'interno di quel file.

Esempio:

```
#include <stdio.h>

int varGlobale = 30;   // Variabile globale

void mia_funzione() {
    printf("Dentro la funzione: %d\n", varGlobale);
}

int main() {
    printf("In main: %d\n", varGlobale);
    mia_funzione();
    return 0;
}
```

In questo esempio, *varGlobale* è visibile sia in *main* che in mia_*funzione*.

Scope e strutture di controllo

Lo scope delle variabili può essere influenzato dalle strutture di controllo come i cicli *for*, *while*, e le istruzioni condizionali *if*, *else*.

Esempio con ciclo for:

```
#include <stdio.h>
```

```c
int main() {
    for (int i = 0; i < 5; i++) {
        printf("Dentro il ciclo for: %d\n", i);
    }
    // printf("Fuori dal ciclo for: %d\n", i); // Errore: i non è visibile qui
    return 0;
}
```

In questo esempio, la variabile *i* è visibile solo all'interno del corpo del ciclo *for*.

Esempio con istruzione if:

```c
#include <stdio.h>

int main() {
    int condizione = 1;
    if (condizione) {
        int varIf = 50;   // Variabile con scope di blocco
        printf("Dentro if: %d\n", varIf);
    }
    // printf("Fuori if: %d\n", varIf); // Errore: varIf non è visibile qui
    return 0;
}
```

Qui, *varIf* è visibile solo all'interno del blocco *if*.

Scope e shadowing

Lo shadowing si verifica quando una variabile dichiarata in un blocco annidato ha lo stesso nome di una variabile dichiarata in un blocco esterno. In questo caso, la variabile del blocco annidato "nasconde" la variabile esterna.

Esempio di shadowing:

```c
#include <stdio.h>

int x = 1;   // Variabile globale

int main() {
    int x = 2;   // Questa variabile nasconde la variabile globale
    {
```

```
        int x = 3;  // Questa variabile nasconde entrambe le variabili esterne
        printf("Dentro il blocco annidato: %d\n", x);
    }
    printf("Dentro main: %d\n", x);
    printf("Globale: %d\n", ::x);  // Utilizzo di `::` per accedere alla variabile globale (se supportato dal compilatore)
    return 0;
}
```

In questo esempio, la variabile *x* dichiarata nel blocco annidato nasconde le variabili *x* dichiarate nei blocchi esterni.

Visibilità

Nel linguaggio C, la visibilità delle variabili è un concetto che descrive in quale contesto del programma una variabile può essere acceduta. Mentre lo scope determina la porzione del codice in cui una variabile è definita e utilizzabile, la visibilità si riferisce alla possibilità di accedere a quella variabile da differenti parti del codice, specialmente quando si tratta di variabili globali o di variabili che attraversano i confini dei file sorgente. Una gestione corretta della visibilità delle variabili è cruciale per mantenere il codice organizzato, sicuro e manutenibile.

Visibilità a livello di blocco e funzione

Le variabili dichiarate all'interno di un blocco {} o di una funzione hanno una visibilità limitata al blocco o alla funzione stessa. Queste variabili non possono essere accedute al di fuori del loro contesto locale.

Esempio:

```
#include <stdio.h>

void funzione() {
    int varLocale = 10;   // Visibile solo all'interno della funzione
    printf("Dentro la funzione: %d\n", varLocale);
```

```
}
int main() {
    funzione();
    // printf("In main: %d\n", varLocale); // Errore: varLocale non è visibile in main
    return 0;
}
```

In questo esempio, *varLocale* è visibile solo all'interno della funzione funzione e non può essere utilizzata in main.

Visibilità a livello globale

Le variabili dichiarate al di fuori di tutte le funzioni, ossia a livello globale, sono visibili in tutto il file sorgente in cui sono dichiarate. Queste variabili possono essere accedute da qualsiasi funzione all'interno dello stesso file.

Esempio:

```
#include <stdio.h>

int varGlobale = 20;   // Visibile in tutto il file

void funzione() {
    printf("Dentro la funzione: %d\n", varGlobale);
}
int main() {
    printf("In main: %d\n", varGlobale);
    funzione();
    return 0;
}
```

In questo caso, *varGlobale* è visibile sia in *main* che in *funzione*.

Visibilità e la parola chiave extern

La parola chiave *extern* permette di dichiarare una variabile globale in un file sorgente e di accedervi da un altro file. Questo è utile quando si desidera condividere variabili tra diversi moduli di un programma.

Esempio:

File file1.c:

```c
#include <stdio.h>

int varCondivisa = 30;   // Dichiarazione di una variabile globale

void funzione() {
    printf("Dentro file1.c: %d\n", varCondivisa);
}
```

File file2.c:

```c
#include <stdio.h>

extern int varCondivisa;   // Dichiarazione di una variabile esterna

void funzione();

int main() {
    varCondivisa = 40;
    printf("In file2.c: %d\n", varCondivisa);
    funzione();
    return 0;
}
```

In questo esempio, *varCondivisa* è dichiarata in *file1.c* e resa visibile in *file2.c* tramite la parola chiave *extern*.

Visibilità limitata con la parola chiave static

La parola chiave *static* può essere utilizzata per limitare la visibilità delle variabili globali al solo file in cui sono dichiarate. Questo è utile per evitare conflitti di nome e per incapsulare le variabili all'interno di un modulo.

Esempio:

File file1.c:

```c
#include <stdio.h>

static int varStatica = 50;   // Variabile con visibilità limitata al file

void funzione() {
    printf("Dentro file1.c: %d\n", varStatica);
}
```

File file2.c:

```c
#include <stdio.h>

// extern int varStatica; // Errore: varStatica non è visibile in questo file

void funzione();

int main() {
    // printf("In file2.c: %d\n", varStatica); // Errore: varStatica non è visibile qui
    funzione();
    return 0;
}
```

In questo esempio, *varStatica* è visibile solo all'interno di *file1.c* e non può essere utilizzata in *file2.c*.

Visibilità dei parametri delle funzioni

I parametri delle funzioni hanno visibilità limitata al corpo della funzione stessa. Questo significa che possono essere utilizzati solo all'interno della funzione in cui sono dichiarati.

Esempio:

```c
#include <stdio.h>

void funzione(int parametro) {   // parametro è visibile solo all'interno della funzione
    printf("Dentro la funzione: %d\n", parametro);
}

int main() {
    funzione(60);
    // printf("In main: %d\n", parametro); // Errore: parametro non è visibile in main
    return 0;
}
```

In questo esempio, *parametro* è visibile solo all'interno della funzione *funzione*.

Visibilità e funzioni inline

Le funzioni inline, definite con la parola chiave *inline*, possono avere variabili con visibilità locale alla funzione. Tuttavia, se una funzione inline è definita in un file di intestazione (.h), tutte le variabili all'interno della funzione sono visibili solo durante l'espansione della funzione inline nel contesto di chiamata.

Esempio:

File inline_func.h:

```c
inline void funzioneInline() {
    int varInline = 100;   // Variabile locale alla funzione inline
    printf("Dentro la funzione inline: %d\n", varInline);
```

}

File main.c:

```
#include <stdio.h>
#include "inline_func.h"

int main() {
    funzioneInline();
    // printf("In main: %d\n", varInline); // Errore: varInline non è visibile in main
    return 0;
}
```

In questo esempio, *varInline* è visibile solo all'interno della funzione inline durante la sua espansione.

Durata

Nel linguaggio C, la durata (o lifetime) delle variabili si riferisce al periodo di tempo durante il quale una variabile esiste in memoria. La durata delle variabili influenza la gestione della memoria e il comportamento del programma. Esistono quattro classi principali di durata delle variabili in C: durata automatica, durata statica, durata dinamica e durata temporanea. Comprendere queste classi è essenziale per scrivere programmi efficienti e privi di errori di memoria.

Durata automatica

La durata automatica è la durata predefinita per le variabili dichiarate all'interno delle funzioni (variabili locali). Queste variabili vengono allocate alla loro dichiarazione e deallocate alla fine del blocco in cui sono definite. Hanno una durata limitata al blocco di codice in cui sono dichiarate.

Esempio:

```c
#include <stdio.h>

void funzione() {
    int varAutomatica = 10;  // Durata automatica
    printf("Dentro la funzione: %d\n", varAutomatica);
}  // varAutomatica viene deallocata qui

int main() {
    funzione();
    // varAutomatica non è più accessibile qui
    return 0;
}
```

In questo esempio, *varAutomatica* esiste solo durante l'esecuzione di *funzione* e viene deallocata quando *funzione* termina.

Durata statica

La durata statica si applica alle variabili globali, alle variabili dichiarate con la parola chiave *static* e alle variabili statiche all'interno delle funzioni. Queste variabili vengono allocate all'inizio del programma e deallocate alla sua terminazione. Mantengono il loro valore tra diverse chiamate di funzione e tra diversi blocchi di codice.

Esempio di Variabili Globali:

```c
#include <stdio.h>

int varGlobale = 20;  // Durata statica

void funzione() {
    printf("Dentro la funzione: %d\n", varGlobale);
}

int main() {
    printf("In main: %d\n", varGlobale);
    funzione();
    return 0;
}
```

In questo esempio, *varGlobale* esiste per tutta la durata del programma.

Esempio di Variabili Statiche in Funzioni:

```c
#include <stdio.h>
void funzione() {
    static int varStatica = 30;   // Durata statica
    varStatica++;
    printf("Valore della variabile statica: %d\n", varStatica);
}

int main() {
    funzione();
    funzione();
    funzione();
    return 0;
}
```

In questo caso, *varStatica* mantiene il suo valore tra diverse chiamate a funzione.

Durata dinamica

La durata dinamica si applica alle variabili allocate dinamicamente usando funzioni come *malloc*, *calloc* e *realloc*. Queste variabili esistono fino a quando non vengono esplicitamente deallocate usando *free*. La gestione manuale della memoria dinamica richiede attenzione per evitare perdite di memoria (memory leaks) e altre problematiche. Non preoccuparti se questi concetti ti sembrano complicati adesso; nel prossimo capitolo esploreremo dettagliatamente i puntatori e la gestione dinamica della memoria.

Esempio:

```c
#include <stdio.h>
#include <stdlib.h>

int main() {
    int *varDinamica = (int *)malloc(sizeof(int));   // Allocazione dinamica
    if (varDinamica == NULL) {
```

```
            fprintf(stderr, "Errore di allocazione della memoria\n");
            return 1;
        }
        *varDinamica = 40;
        printf("Valore della variabile dinamica: %d\n", *varDinamica);
        free(varDinamica);    // Deallocazione
        // varDinamica non è più valida dopo la deallocazione
        return 0;
    }
```

In questo esempio, *varDinamica* viene allocata dinamicamente e deve essere deallocata manualmente usando *free*.

Durata temporanea

Le variabili temporanee sono variabili di breve durata create automaticamente dal compilatore durante l'esecuzione di espressioni e altre operazioni. Queste variabili esistono solo per la durata dell'operazione o dell'espressione.

Esempio:

```
#include <stdio.h>

int somma(int a, int b) {
    return a + b;  // La somma è una variabile temporanea
}

int main() {
    int risultato = somma(50, 60);
    printf("Risultato: %d\n", risultato);
    return 0;
}
```

In questo esempio, la variabile temporanea che contiene il risultato di *a + b* esiste solo per la durata della chiamata della funzione *somma*.

Durata delle variabili e inizializzazione

La durata delle variabili influenza anche il loro comportamento di inizializzazione. Le variabili con durata automatica non inizializzate contengono valori casuali, mentre le variabili con durata statica non inizializzate vengono automaticamente inizializzate a zero (o equivalenti per i tipi di dato non numerici).

Esempio:

```
#include <stdio.h>

void funzione() {
    int varAutomatica;   // Non inizializzata, contiene un valore casuale
    static int varStatica;   // Inizializzata a zero
    printf("Variabile automatica: %d\n", varAutomatica);
    printf("Variabile statica: %d\n", varStatica);
}

int main() {
    funzione();
    return 0;
}
```

In questo esempio, *varAutomatica* contiene un valore casuale, mentre *varStatica* è inizializzata a zero.

Durata delle variabili e ricorsione

Le variabili con durata automatica vengono create e distrutte in ogni chiamata ricorsiva, mentre le variabili con durata statica mantengono il loro valore tra le chiamate ricorsive. Questo può influenzare significativamente il comportamento di funzioni ricorsive.

Esempio:

```
#include <stdio.h>
```

```c
void funzioneRicorsiva(int n) {
    static int varStatica = 0;   // Mantiene il valore tra le chiamate ricorsive
    int varAutomatica = 0;   // Ricreata in ogni chiamata
    varStatica++;
    varAutomatica++;
    if (n > 0) {
        funzioneRicorsiva(n - 1);
    }
    printf("varStatica: %d, varAutomatica: %d\n", varStatica, varAutomatica);
}

int main() {
    funzioneRicorsiva(3);
    return 0;
}
```

In questo esempio, *varStatica* incrementa il suo valore tra le chiamate ricorsive, mentre *varAutomatica* viene sempre ricreata con il valore iniziale.

I puntatori

Introduzione ai puntatori

I puntatori costituiscono uno degli elementi più distintivi e potenti del linguaggio di programmazione C. Acquisire una comprensione approfondita del concetto di puntatori è imprescindibile per apprezzare appieno le possibilità offerte dal linguaggio. Iniziamo, pertanto, l'esplorazione inerente alla definizione dei puntatori e al loro ruolo fondamentale.

<u>Definizione di puntatori</u>

Un puntatore rappresenta una variabile il cui valore corrisponde all'indirizzo di memoria di un'altra variabile. In modo più conciso, il puntatore indica una specifica posizione nella memoria del computer in cui è archiviato un dato. La capacità di interagire direttamente con la memoria conferisce ai puntatori una potenza intrinseca, ma comporta altresì una responsabilità significativa, poiché richiede una gestione scrupolosa.

Vediamo un esempio:

Immagina di avere una variabile chiamata 'a' il cui valore è 5, e questa variabile occupa l'indirizzo di memoria 100. Successivamente, introduci una variabile puntatore chiamata 'aPtr'. Questo puntatore memorizza l'indirizzo di memoria della variabile 'a'. Supponiamo che 'aPtr' risieda nell'indirizzo di memoria 1000. In pratica, il puntatore 'aPtr' contiene l'indirizzo di 'a' (cioè 100). Ora, attraverso il puntatore 'aPtr', puoi accedere e manipolare il valore di 'a', poiché 'aPtr' punta all'indirizzo di memoria in cui è memorizzata 'a'.

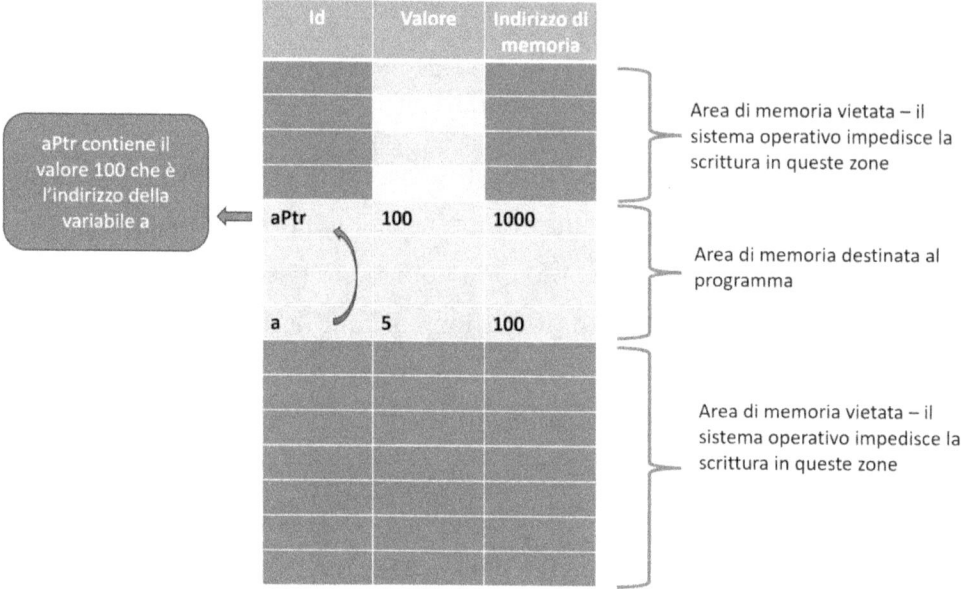

Dichiarazione e inizializzazione

Per dichiarare un puntatore in C, si utilizza l'asterisco *. Ad esempio, se abbiamo una variabile intera *x*, possiamo dichiararne un puntatore in questo modo:

```
int x = 10;        // Variabile intera
int *xptr;         // Dichiarazione di un puntatore a int
xptr = &x;         // Inizializzazione del puntatore con l'indirizzo di x
```

Nel codice sopra, *&x* restituisce l'indirizzo di memoria di *x*, e il puntatore *xptr* ora punta a quella posizione di memoria.

Operazioni di dereferenziazione

La dereferenziazione è l'operazione che consente di accedere al valore memorizzato all'indirizzo di memoria puntato da un puntatore. Utilizziamo l'asterisco * per de-referenziare un puntatore. Ad esempio:

```
int valore = *xptr;   // Dereferenziazione di p per ottenere il valore memorizzato all'indirizzo
```

La variabile *valore* conterrà il valore di *x* perché *xptr* punta a *x*.

Aritmetica dei puntatori

Anche sui puntatori è possibile eseguire operazioni aritmetiche di base, consentendo la somma o la sottrazione di valori interi. Ciò permette di ottenere puntatori che indicano rispettivamente allocamenti successivi o precedenti in memoria. Inoltre, le operazioni tra puntatori sono anch'esse ammissibili. È cruciale considerare che le operazioni con i puntatori sono strettamente vincolate al tipo di oggetto a cui puntano. Ad esempio, se dichiariamo un puntatore a un tipo *int*, ogni blocco di memoria associato avrà una dimensione di 4 byte, mentre un puntatore a un tipo *char* utilizzerà blocchi di 1 byte. Pertanto, quando incrementiamo il puntatore di un intero o utilizziamo l'operatore ++, il puntatore avanza di una quantità di byte corrispondente al tipo di variabile puntata. Analogamente, ciò si applica alla sottrazione o al decremento (--). Consideriamo ad esempio tre variabili: due puntatori denominati *p* e *q* e un intero denominato *i*.

I risultati possono essere visualizzati nel modo seguente:

Operazione	Descrizione	Spiegazione
p + i	Sposta il puntatore di i posizioni in avanti	posizione + (i * dimensione del tipo puntato)
p - i	Sposta il puntatore di i posizioni indietro	posizione - (i * dimensione del tipo puntato)
p - q	È un intero che rappresenta il numero di elementi del tipo puntato che si possono inserire tra la posizione p e q	(posizione1 - posizione2) / dimensione del tipo puntato

Per illustrare, supponiamo di avere un puntatore, chiamiamolo 'p', che si riferisce alla prima posizione di un array di interi. Se eseguiamo l'operazione 'p++', il puntatore ora indicherà la seconda posizione nell'array. Questo spostamento in avanti rappresenta un incremento di 4 byte, poiché tale valore corrisponde alla dimensione di un singolo intero.

Vediamo un esempio:

Immagina che la memoria del computer sia come una lunga fila di scatole, e ogni scatola può contenere un numero. Ogni scatola ha un numero di indirizzo, proprio come le case su una strada hanno numeri civici.

Puntatori e Operazioni:

Un puntatore è come un biglietto che ti dice in quale scatola guardare. Se hai un puntatore a una scatola che contiene un numero intero (int), allora ogni scatola è grande 4 byte. Se hai un puntatore a una scatola che contiene un carattere (char), ogni scatola è grande 1 byte.

Immaginiamo di avere una serie di scatole, dove ogni scatola contiene un numero:

```
Scatola 0: [ 10 ]
Scatola 1: [ 20 ]
Scatola 2: [ 30 ]
Scatola 3: [ 40 ]
Scatola 4: [ 50 ]
```

Ora, abbiamo un puntatore p che indica la scatola 1:

```
p -> [ 20 ]   (Scatola 1)
```

Aritmetica dei Puntatori:

- Incrementare un Puntatore

Se aggiungiamo 1 al puntatore p (p = p + 1), il puntatore si sposta alla scatola successiva. Se p è un puntatore a int, si sposterà di 4 byte (la dimensione di un int).

```
p -> [ 30 ]   (Scatola 2)
```

- Decrementare un Puntatore

Se sottraiamo 1 dal puntatore p (p = p - 1), il puntatore si sposta alla scatola precedente.

```
p -> [ 20 ]   (Scatola 1)
```

- Operazioni tra Puntatori

Se abbiamo due puntatori p e q:

```
p -> [ 20 ]   (Scatola 1)
q -> [ 30 ]   (Scatola 2)
```

Possiamo calcolare la distanza tra p e q sottraendo p da q:

```
distanza = q - p  => distanza = 2 - 1  => distanza = 1 (in termini di scatole)
```

Per visualizzare meglio, immaginiamo gli indirizzi di memoria:

```
p -> [ 20 ]   (Scatola 1, indirizzo 0x04)
q -> [ 30 ]   (Scatola 2, indirizzo 0x08)
```

Quando sottraiamo i puntatori q e p:

```
distanza = q - p  => distanza = (0x08 - 0x04) / sizeof(int)
                  => distanza = 4 / 4
                  => distanza = 1
```

Il risultato della sottrazione di due puntatori indica il numero di elementi di tipo int tra i due indirizzi di memoria. Anche se in termini di indirizzi di memoria la differenza è di 4 byte, in termini di elementi int (ogni int è 4 byte), c'è una differenza di 1 elemento.

Gestione della memoria con i puntatori

Il corretto trattamento della memoria mediante l'uso di puntatori in C è di fondamentale importanza, specialmente quando si lavora con variabili dinamiche, ovvero variabili il cui spazio di memoria viene allocato durante l'esecuzione del programma, a differenza delle variabili statiche, il cui spazio è riservato durante la fase di compilazione.

Comprendere come allocare, deallocare e reallocare la memoria in modo dinamico consente di utilizzare risorse in modo efficiente e prevenire memory leaks (perdita di memoria). Questo fenomeno si verifica in programmazione quando un programma alloca dinamicamente della memoria (ad esempio, utilizzando la funzione *malloc* in C, che esamineremo nella sezione successiva), ma non la rilascia correttamente quando ha finito di utilizzarla. In altre parole, il programma perde il riferimento o l'accesso alla memoria che è stata precedentemente allocata, impedendo al sistema operativo di recuperarla quando il programma termina.

Esaminiamo nel dettaglio come i puntatori possono essere impiegati per gestire dinamicamente la memoria per una singola variabile.

Allocazione dinamica della memoria

La funzione *malloc* è utilizzata per allocare dinamicamente la memoria durante l'esecuzione del programma per una variabile specifica. Questa funzione restituisce un puntatore all'area di memoria appena allocata. Ecco un esempio di come allocare dinamicamente spazio per una variabile intera:

```
int *numero = (int *)malloc(sizeof(int));
```

In questo caso, *sizeof(int)* calcola la dimensione necessaria per memorizzare un intero in memoria. Il cast (int *) indica che stiamo trattando l'indirizzo di memoria come un puntatore a un intero.

Deallocazione della memoria

La funzione *free* viene utilizzata per deallocare la memoria precedentemente allocata per la variabile. Ad esempio:

```
free(numero);
```

Dopo questa chiamata, lo spazio di memoria precedentemente occupato dalla variabile è liberato e può essere utilizzato per altre allocazioni.

Reallocation della memoria

La funzione *realloc* consente di modificare la dimensione della memoria già allocata dinamicamente per una variabile. Ad esempio, se vogliamo estendere la variabile da un intero a un array di 10 elementi, possiamo usare la funzione *realloc*:

```
numero = (int *)realloc(numero, 10 * sizeof(int));
```

Anche in questo caso, è importante notare che *realloc* può restituire un nuovo puntatore, quindi è consigliabile assegnare il risultato a una variabile.

Gestione sicura della memoria

La gestione sicura della memoria per una variabile richiede prudenza e attenzione. Alcuni suggerimenti utili includono:

- Inizializzare i puntatori a NULL dopo la deallocazione per evitare dereferenziazioni accidentali.
- Verificare se l'allocazione di memoria ha avuto successo prima di utilizzare la memoria appena allocata.
- Liberare la memoria esattamente una volta dopo l'allocazione.

Esempio pratico

Consideriamo un esempio completo che utilizza l'allocazione, la deallocazione e la reallocazione della memoria dinamica per una variabile intera.

Per utilizzare le funzioni *malloc*, *realloc e free*, è necessario includere l'header *stdlib.h*.

```
#include <stdio.h>
#include <stdlib.h>

int main() {
    // Allocazione di memoria per una variabile intera
    int *numero = (int *)malloc(sizeof(int));

    // Verifica se l'allocazione ha avuto successo
    if (numero == NULL) {
        printf("Errore nell'allocazione di memoria\n");
        return 1;
    }

    // Utilizzo della variabile e successiva deallocazione
    *numero = 42;
    printf("Il numero è: %d\n", *numero);

    // Deallocazione della memoria
    free(numero);

    // Reallocazione della memoria per una variabile intera
    numero = (int *)realloc(numero, sizeof(int));

    // Verifica se la reallocazione ha avuto successo
    if (numero == NULL) {
        printf("Errore nella reallocazione di memoria\n");
        return 1;
```

```
    }

    // Utilizzo della variabile riallocata e successiva deallocazione
    *numero = 99;
    printf("Il nuovo numero e': %d\n", *numero);

    // Deallocazione finale della memoria
    free(numero);

    return 0;
}
```

Output:

```
Il numero è: 42
```

Puntatori e array

La relazione tra puntatori e array è uno degli aspetti essenziali della programmazione in C. I puntatori consentono di manipolare gli array in modo dinamico ed efficiente, e capire questa connessione è essenziale per sfruttare appieno il linguaggio.

Relazione tra puntatori e array

In C, un array può essere considerato come un blocco contiguo di memoria, e i puntatori possono essere utilizzati per accedere a singoli elementi all'interno di questo blocco. La variabile di array rappresenta l'indirizzo del primo elemento dell'array, e i puntatori possono essere utilizzati per navigare attraverso gli elementi successivi.

```
int array[] = {1, 2, 3, 4, 5};
int *ptr = array;   // Puntatore che punta al primo elemento dell'array
```

Ora, il puntatore *ptr* punta al primo elemento dell'array chiamato *array*.

Accesso agli elementi dell'array

Grazie alla relazione tra array e puntatori, l'accesso agli elementi di un array può essere effettuato utilizzando l'operazione di dereferenziazione. Ad esempio:

```
int primoElemento = *puntatore;   // Dereferenziazione per ottenere il primo elemento
```

In questo modo, *primoElemento* conterrà il valore del primo elemento dell'array.

Scorrimento degli elementi con puntatori

L'utilizzo di puntatori per scorrere gli elementi di un array è una pratica comune in C. Ad esempio, consideriamo il seguente codice che utilizza un puntatore per stampare gli elementi di un array:

```
#include <stdio.h>

int main() {
    int array[] = {1, 2, 3, 4, 5};
    int *puntatore = array;

    for (int i = 0; i < 5; i++) {
        printf("%d ", *puntatore);
        puntatore++;
    }

    return 0;
}
```

Output:

```
0 1 2 3 4
```

Questo esempio illustra come i puntatori possono essere utilizzati per scorrere gli elementi di un array, rendendo più agevole l'accesso e la manipolazione dinamica dei dati.

Differenze tra array e puntatori

Sebbene array e puntatori siano strettamente legati, esistono alcune differenze chiave. Ad esempio, la dimensione di un array è fissa al momento della dichiarazione, mentre la dimensione di un blocco di memoria puntato da un puntatore può essere modificata dinamicamente.

```c
int array[5];   // Array con dimensione fissa
int *puntatore = (int *)malloc(5 * sizeof(int));   // Allocazione dinamica con puntatore
```

Nell'esempio sopra, *array* è un array di dimensione fissa, mentre *puntatore* punta a un blocco di memoria di dimensione 5 allocato dinamicamente.

Puntatori a funzione

I puntatori a funzione costituiscono una risorsa avanzata e di notevole efficacia nella programmazione in linguaggio C. Consentono di trattare le funzioni come dati, aprono la strada a tecniche avanzate come le callback e migliorano la flessibilità del codice.

Dichiarazione di puntatori a funzione

Per dichiarare un puntatore a funzione, è necessario specificare il tipo di ritorno e i tipi dei parametri della funzione a cui il puntatore può puntare. Ad esempio:

```c
#include <stdio.h>

// Dichiarazione di una funzione
int somma(int a, int b) {
    return a + b;
}

int main() {
    // Dichiarazione di un puntatore a funzione
    int (*puntatoreSomma)(int, int);
```

```
    // Inizializzazione del puntatore con l'indirizzo della funzione somma
    puntatoreSomma = &somma;

    // Utilizzo del puntatore a funzione
    int risultato = puntatoreSomma(3, 4);
    printf("La somma è: %d\n", risultato);

    return 0;
}
```

Output:

```
La somma è: 7
```

In questo esempio, *puntatoreSomma* è un puntatore a una funzione che prende due interi come parametri e restituisce un intero.

Passaggio di funzioni come argomenti

Una delle applicazioni dei puntatori a funzione è la possibilità di passare funzioni come argomenti ad altre funzioni. Questo apre la strada a tecniche di programmazione avanzate, come l'implementazione di *callback*. Ecco un esempio:

```
#include <stdio.h>

// Funzione che accetta un puntatore a funzione come argomento
void applicaOperazione(int (*operazione)(int, int), int a, int b) {
    int risultato = operazione(a, b);
    printf("Il risultato dell'operazione è: %d\n", risultato);
}

// Funzione somma
int somma(int a, int b) {
    return a + b;
}

// Funzione sottrazione
int sottrazione(int a, int b) {
    return a - b;
}

int main() {
```

```
    // Utilizzo del puntatore a funzione come argomento
    applicaOperazione(&somma, 5, 3);
    applicaOperazione(&sottrazione, 8, 2);

    return 0;
}
```

Output:

```
Il risultato dell'operazione è: 8
Il risultato dell'operazione è: 6
```

Qui, *applicaOperazione* è una funzione che prende un puntatore a funzione come argomento, consentendo di applicare dinamicamente diverse operazioni a coppie di valori.

Puntatori a strutture

I puntatori a strutture in C offrono una notevole flessibilità nella gestione dei dati. Permettono di manipolare strutture in modo dinamico, facilitando l'allocazione e la deallocazione della memoria e semplificando l'accesso ai loro membri.

Dichiarazione di puntatori a strutture

La dichiarazione di un puntatore a una struttura segue una sintassi simile a quella dei puntatori a variabili. E' importante ricordarsi che per accedere ai membri della struttura attraverso il puntatore, si usa l'operatore freccia (->) invece dell'operatore punto (.). Vediamo un esempio:

```
#include <stdio.h>
#include <stdlib.h>

// Definizione di una struttura
struct Persona {
    char nome[50];
    int eta;
};
```

```c
int main() {
    // Dichiarazione di una variabile di tipo struct Persona
    struct Persona persona1;

    // Dichiarazione di un puntatore a struct Persona
    struct Persona *puntatorePersona;

    // Inizializzazione del puntatore con l'indirizzo della variabile
    puntatorePersona = &persona1;

    // Accesso ai membri della struttura attraverso il puntatore
    puntatorePersona->eta = 25;
    printf("L'eta della persona è: %d\n", puntatorePersona->eta);

    return 0;
}
```

Output:

```
L'eta della persona è: 25
```

Qui, *puntatorePersona* è dichiarato come un puntatore a una struttura di tipo *struct Persona* e viene inizializzato con l'indirizzo di *persona1*.

Allocazione dinamica di strutture con puntatori

L'utilizzo più potente dei puntatori a strutture si verifica quando si effettua l'allocazione dinamica di memoria per le strutture. Questo consente di creare strutture il cui numero e dimensioni possono essere determinati a tempo di esecuzione. Ecco un esempio:

```c
#include <stdio.h>
#include <stdlib.h>

// Definizione di una struttura
struct Studente {
    char nome[50];
    int eta;
};
```

```c
int main() {
    // Allocazione dinamica di una struttura con un puntatore
    struct Studente *puntatoreStudente = (struct Studente *)malloc(sizeof(struct Studente));

    if (puntatoreStudente == NULL) {
        printf("Errore nell'allocazione di memoria\n");
        return 1;
    }

    // Accesso ai membri della struttura attraverso il puntatore
    puntatoreStudente->eta = 20;
    printf("L'eta dello studente è: %d\n", puntatoreStudente->eta);

    // Deallocazione della memoria
    free(puntatoreStudente);

    return 0;
}
```

Output:

```
L'età dello studente è: 20
```

In questo esempio, la memoria per una struttura di tipo *struct Studente* viene allocata dinamicamente e il puntatore *puntatoreStudente* viene utilizzato per accedere e manipolare i suoi membri.

Array di puntatori a strutture

I puntatori a strutture sono spesso utilizzati in combinazione con gli array per gestire un insieme di dati strutturati in modo dinamico. Ecco un esempio che illustra come creare un array di puntatori a strutture:

```c
#include <stdio.h>
#include <stdlib.h>

// Definizione di una struttura
struct Libro {
    char titolo[100];
    char autore[50];
```

```c
};

int main() {
    // Allocazione dinamica di un array di puntatori a strutture
    struct Libro *biblioteca[5];

    // Allocazione dinamica di memoria per ciascun libro
    for (int i = 0; i < 5; i++) {
        biblioteca[i] = (struct Libro *)malloc(sizeof(struct Libro));

        if (biblioteca[i] == NULL) {
            printf("Errore nell'allocazione di memoria per il libro %d\n", i + 1);
            return 1;
        }
    }

    // Accesso e manipolazione dei membri delle strutture attraverso i puntatori
    for (int i = 0; i < 5; i++) {
        sprintf(biblioteca[i]->titolo, "Libro %d", i + 1);
        sprintf(biblioteca[i]->autore, "Autore %d", i + 1);
        printf("Libro %d: %s di %s\n", i + 1, biblioteca[i]->titolo, biblioteca[i]->autore);
    }

    // Deallocazione della memoria
    for (int i = 0; i < 5; i++) {
        free(biblioteca[i]);
    }

    return 0;
}
```

Output:

```
Libro 1: Libro 1 di Autore 1
Libro 2: Libro 2 di Autore 2
Libro 3: Libro 3 di Autore 3
Libro 4: Libro 4 di Autore 4
Libro 5: Libro 5 di Autore 5
```

In questo esempio, viene creato un array di puntatori a strutture *struct Libro* per rappresentare una biblioteca di libri. La memoria per ciascun libro viene poi allocata dinamicamente.

Gestione sicura dei puntatori

La gestione sicura dei puntatori è cruciale per prevenire errori, comportamenti indefiniti e problemi di memoria. Utilizzare i puntatori in modo inappropriato può portare a gravi conseguenze e accessi non autorizzati alla memoria. Ecco alcune best practices per garantire una gestione sicura di questo fondamentale strumento.

Inizializzazione dei puntatori

Assicurarsi che tutti i puntatori vengano inizializzati prima di utilizzarli. Puntatori non inizializzati possono contenere indirizzi di memoria casuali, portando a comportamenti indefiniti.

```c
int *puntatore = NULL; // Inizializzazione a NULL
```

Verifica dell'allocazione di memoria

Prima di utilizzare la memoria allocata dinamicamente, verificare se l'allocazione è avvenuta con successo. La funzione *malloc* restituisce NULL se la memoria non può essere allocata.

```c
int *puntatore = (int *)malloc(sizeof(int));
if (puntatore == NULL) {
    // Gestisci l'errore
}
```

Deallocazione della memoria

Ricordarsi sempre di deallocare la memoria dinamicamente allocata utilizzando la funzione *free* quando non è più necessaria. La mancata deallocazione può causare memory leaks.

```c
int *puntatore = (int *)malloc(sizeof(int));
```

```
// Utilizzo del puntatore
free(puntatore); // Deallocazione
```

NULL dopo la deallocazione:

Dopo la deallocazione della memoria, assegnare il puntatore a NULL per evitare dereferenziazioni accidentali.

```
int *puntatore = (int *)malloc(sizeof(int));
// Utilizzo del puntatore
free(puntatore);
puntatore = NULL; // Assegnazione a NULL
```

Gestione sicura degli array

Assicurarsi di rispettare i limiti degli array per evitare buffer overflow, una vulnerabilità di sicurezza che si verifica quando un programma, scrivendo dati in un buffer di memoria, supera la dimensione del buffer assegnato e invade accidentalmente regioni di memoria adiacenti (vedi capitolo Buffer Overflows e Sicurezza). Questo può causare la sovrascrittura di dati cruciali portando a comportamenti indesiderati e spesso a situazioni di sicurezza gravi. Si consiglia di utilizzare funzioni come *memcpy* e *memset* (che fanno parte della libreria standard del linguaggio C, "string.h") in modo sicuro. La funzione *memcpy* copia un blocco di memoria da una posizione a un'altra, specificando la destinazione, la sorgente e la dimensione in byte. La funzione *memset*, invece, riempie un blocco di memoria con un valore specificato, inizializzando ogni byte di un'area di memoria a un valore specificato.

```
#include <stdio.h>
#include <string.h>

int main() {
    int array[10] = {1, 2, 3, 4, 5, 6, 7, 8, 9, 10};
    size_t lunghezza = sizeof(array) / sizeof(array[0]);

    int arrayCopia[10];
    memcpy(arrayCopia, array, sizeof(array));
```

```
    // Ora puoi eseguire operazioni sicure sull'array o fare ulteriori manipola-
zioni

    // Stampa dell'array originale
    printf("Array originale: ");
    for (size_t i = 0; i < lunghezza; i++) {
        printf("%d ", array[i]);
    }
    printf("\n");

    // Stampa dell'array copiato
    printf("Array copiato: ");
    for (size_t i = 0; i < lunghezza; i++) {
        printf("%d ", arrayCopia[i]);
    }
    printf("\n");

    return 0;
}
```

Output:

```
Array originale: 1 2 3 4 5 6 7 8 9 10
Array copiato: 1 2 3 4 5 6 7 8 9 10
```

Verifica dei puntatori prima dell'accesso

Prima di dereferenziare un puntatore, verificare che non sia NULL. Dereferenziare un puntatore nullo può causare crash (terminazione non prevista o ingestita) del programma.

```
int *puntatore = /* ottenuto da qualche parte */;
if (puntatore != NULL) {
    // Accesso sicuro tramite il puntatore
    int valore = *puntatore;
}
```

Evitare puntatori selvaggi

Evitare puntatori selvaggi o non inizializzati che potrebbero puntare ad aree di memoria non valide. Assicurarsi che ogni puntatore abbia un valore valido prima dell'utilizzo.

```
int *puntatore; // Puntatore non inizializzato
// Assegnare un valore valido prima dell'utilizzo
```

Puntatori e tipi

Assicurarsi che i tipi dei puntatori corrispondano ai tipi dei dati a cui puntano. L'uso di puntatori con tipi incompatibili può portare a errori di tipo e comportamenti indefiniti.

```
int intero = 42;
double *puntatoreDoppio = &intero; // Errore di tipo
```

Documentazione chiara

Documentare chiaramente l'utilizzo e la gestione dei puntatori nel codice. Questo aiuta gli sviluppatori a comprendere il comportamento atteso e riduce il rischio di errori.

```
/**
 * @brief Funzione che utilizza un puntatore.
 * @param puntatore Puntatore da utilizzare.
 */
void funzioneConPuntatore(int *puntatore) {
    // Implementazione
}
```

Comprensione dello stack e dell'heap

Comprendere la differenza tra memoria nello stack e nell'heap. I puntatori a variabili locali (stack) diventano non validi al di fuori del loro ambito, mentre i puntatori a memoria allocata dinamicamente (heap) richiedono deallocazione esplicita.

```c
#include <stdio.h>
#include <stdlib.h>

int main() {
    // Allocazione nello Stack
    int *puntatoreStack;
    {
        int variabileLocale = 10;
        puntatoreStack = &variabileLocale; // Puntatore diventa non valido alla fine dello scope
        printf("Allocazione nello Stack: %d\n", *puntatoreStack); // Accesso sicuro durante lo scope
    }

    // Il tentativo di accesso dopo la fine dello scope è pericoloso
    // printf("Accesso dopo la fine dello Stack: %d\n", *puntatoreStack);

    // Allocazione nell'Heap
    int *puntatoreHeap = (int *)malloc(sizeof(int));
    if (puntatoreHeap == NULL) {
        printf("Errore nell'allocazione di memoria nell'Heap\n");
        return 1;
    }

    *puntatoreHeap = 42;
    printf("Allocazione nell'Heap: %d\n", *puntatoreHeap);

    // Deallocazione della memoria nell'Heap
    free(puntatoreHeap);

    // Il tentativo di accesso dopo la deallocazione è pericoloso
    // printf("Accesso dopo la deallocazione: %d\n", *puntatoreHeap);

    return 0;
}
```

Adottare queste best practices nella gestione dei puntatori in C contribuirà a ridurre la probabilità di errori critici e a garantire la sicurezza e la stabilità del codice. La consapevolezza degli aspetti di sicurezza legati all'uso dei puntatori è essenziale per sviluppare applicazioni robuste e affidabili in linguaggio C.

Puntatori e Stringhe

In linguaggio C, le stringhe sono rappresentate come array di caratteri terminati da un carattere nullo ('\0'). L'uso dei puntatori con le stringhe fornisce un metodo efficace per gestire dinamicamente il loro contenuto. Analizziamo il ruolo dei puntatori nella manipolazione delle stringhe.

Dichiarazione di stringhe e puntatori

```c
#include <stdio.h>

int main() {
    // Dichiarazione di una stringa come array di caratteri
    char stringaArray[] = "Ciao, Mondo!";

    // Dichiarazione di un puntatore a caratteri
    char *puntatoreCarattere = "Hello, World!";

    // Accesso e stampa delle stringhe
    printf("Stringa da array: %s\n", stringaArray);
    printf("Stringa da puntatore: %s\n", puntatoreCarattere);

    return 0;
}
```

Output:

```
Stringa da array: Ciao, Mondo!
Stringa da puntatore: Hello, World!
```

In questo esempio, *stringaArray* è un array di caratteri contenente la stringa "Ciao, Mondo!" e *puntatoreCarattere* è un puntatore a caratteri che punta alla stringa "Hello, World!". Entrambe le rappresentazioni possono essere utilizzate per accedere e manipolare il contenuto delle stringhe.

Manipolazione di stringhe con puntatori

```c
#include <stdio.h>

int main() {
    // Dichiarazione di una stringa come array di caratteri
    char stringaArray[] = "Hello";

    // Dichiarazione di un puntatore a caratteri
    char *puntatoreCarattere = stringaArray;

    // Accesso e manipolazione della stringa attraverso il puntatore
    printf("Stringa originale: %s\n", puntatoreCarattere);

    // Modifica del contenuto attraverso il puntatore
    puntatoreCarattere[0] = 'J';
    puntatoreCarattere[1] = 'a';

    printf("Stringa modificata: %s\n", puntatoreCarattere);

    return 0;
}
```

Output:

```
Stringa originale: Hello
Stringa modificata: Jallo
```

Qui, un array di caratteri è dichiarato e un puntatore a caratteri è inizializzato a puntare all'inizio della stringa. Successivamente, il contenuto della stringa viene modificato utilizzando il puntatore. Questo mostra come i puntatori possono essere utilizzati per manipolare dinamicamente il contenuto di una stringa.

Input dinamico di Stringhe

```c
#include <stdio.h>
#include <stdlib.h>

int main() {
    // Dichiarazione di un puntatore a caratteri per una stringa
    char *puntatoreStringa;

    // Allocazione dinamica di memoria per la stringa
    puntatoreStringa = (char *)malloc(50 * sizeof(char));
```

```c
    if (puntatoreStringa == NULL) {
        printf("Errore nell'allocazione di memoria\n");
        return 1;
    }

    // Input della stringa da parte dell'utente
    printf("Inserisci una stringa: ");
    scanf("%s", puntatoreStringa);

    // Stampa della stringa
    printf("Hai inserito: %s\n", puntatoreStringa);

    // Deallocazione della memoria
    free(puntatoreStringa);

    return 0;
}
```

Output:

```
Inserisci una stringa: ciao
Hai inserito: ciao
```

Questo esempio mostra come utilizzare un puntatore per gestire dinamicamente una stringa di input da parte dell'utente. La memoria è allocata dinamicamente per la stringa, l'input viene memorizzato nella zona di memoria e, infine, la memoria è deallocata per evitare perdite.

Funzioni con puntatori e stringhe

```c
#include <stdio.h>

// Funzione che restituisce la lunghezza di una stringa
size_t lunghezzaStringa(const char *stringa) {
    const char *puntatore = stringa;
    while (*puntatore != '\0') {
        puntatore++;
    }
    return puntatore - stringa;
}
```

```c
int main() {
    // Dichiarazione di una stringa
    char miaStringa[] = "Ciao, Mondo!";

    // Chiamata della funzione con la stringa come argomento
    size_t lunghezza = lunghezzaStringa(miaStringa);

    // Stampa della lunghezza della stringa
    printf("La lunghezza della stringa è: %zu\n", lunghezza);

    return 0;
}
```

In questo esempio, la funzione *lunghezzaStringa* calcola la lunghezza di una stringa passata come argomento tramite un puntatore. È buona pratica dichiarare il puntatore come *const* quando si prevede che i dati non debbano essere modificati all'interno della funzione. Questo approccio garantisce che la funzione non alteri il contenuto della stringa e aiuta a prevenire errori accidentali, migliorando la sicurezza e la chiarezza del codice. Nella funzione *lunghezzaStringa*, il puntatore *const char *stringa* viene utilizzato per scorrere la stringa fino al carattere nullo terminatore e calcolare la lunghezza senza modificare i dati originali.

Puntatori e Multidimensionalità

In linguaggio C, i puntatori giocano un ruolo fondamentale nella gestione di array multidimensionali. Sebbene la sintassi possa sembrare complessa, la comprensione di come i puntatori si relazionano agli array bidimensionali è essenziale per manipolare efficientemente matrici e strutture dati simili.

Dichiarazione e accesso a matrici con puntatori

```c
#include <stdio.h>

int main() {
    // Dichiarazione di una matrice 3x3
    int matrice[3][3] = {
        {1, 2, 3},
```

```
        {4, 5, 6},
        {7, 8, 9}
    };

    // Dichiarazione di un puntatore a intero
    int *puntatoreIntero;

    // Assegnazione del puntatore all'inizio della matrice
    puntatoreIntero = &matrice[0][0];

    // Accesso agli elementi della matrice attraverso il puntatore
    printf("Elemento (1,2): %d\n", *(puntatoreIntero + 1 * 0 + 2 ));
    printf("Elemento (2,2): %d\n", *(puntatoreIntero + 1 * 3 + 1 ));

    return 0;
}
```

Output:

```
Elemento (1,2): 3
Elemento (2,2): 5
```

In questo esempio, una matrice 3x3 viene dichiarata e un puntatore a intero viene assegnato al suo primo elemento. L'accesso agli elementi della matrice viene eseguito utilizzando aritmetica dei puntatori per navigare tra le righe e le colonne.

Puntatori e array di puntatori

```
#include <stdio.h>

int main() {
    // Dichiarazione di una matrice 2x3
    int matrice[2][3] = {
        {1, 2, 3},
        {4, 5, 6}
    };

    // Dichiarazione di un array di puntatori a intero
    int *puntatoriRiga[2];

    // Inizializzazione degli elementi dell'array di puntatori
    for (int i = 0; i < 2; i++) {
        puntatoriRiga[i] = matrice[i];
```

```
    }

    // Accesso agli elementi della matrice attraverso gli array di puntatori
    printf("Elemento (1,2): %d\n", puntatoriRiga[0][1]);
    printf("Elemento (2,3): %d\n", puntatoriRiga[1][2]);

    return 0;
}
```

Output:

```
Elemento (1,2): 2
Elemento (2,3): 6
```

In questo esempio, viene dichiarata una matrice 2x3 e un array di puntatori a intero (*puntatoriRiga*). Ciascun elemento dell'array di puntatori viene inizializzato a puntare alla rispettiva riga della matrice. L'accesso agli elementi della matrice viene poi eseguito utilizzando l'array di puntatori.

Allocazione dinamica di matrici con puntatori

```
#include <stdio.h>
#include <stdlib.h>

int main() {
    // Dichiarazione delle dimensioni della matrice
    int righe = 3;
    int colonne = 4;

    // Allocazione dinamica di una matrice
    int **matriceDinamica = (int **)malloc(righe * sizeof(int *));
    for (int i = 0; i < righe; i++) {
        matriceDinamica[i] = (int *)malloc(colonne * sizeof(int));
    }

    // Inizializzazione della matrice dinamica
    for (int i = 0; i < righe; i++) {
        for (int j = 0; j < colonne; j++) {
            matriceDinamica[i][j] = i * colonne + j + 1;
        }
    }
```

```c
    // Accesso e stampa degli elementi della matrice dinamica
    for (int i = 0; i < righe; i++) {
        for (int j = 0; j < colonne; j++) {
            printf("%d ", matriceDinamica[i][j]);
        }
        printf("\n");
    }

    // Deallocazione della memoria della matrice dinamica
    for (int i = 0; i < righe; i++) {
        free(matriceDinamica[i]);
    }
    free(matriceDinamica);

    return 0;
}
```

Output:

```
1 2 3 4
5 6 7 8
9 10 11 12
```

In questo esempio, viene dimostrata l'allocazione dinamica di una matrice bidimensionale utilizzando puntatori. La memoria per ciascuna riga è allocata separatamente, e il puntatore principale punta alle righe. Questo approccio consente di gestire dinamicamente la dimensione della matrice durante l'esecuzione del programma.

Struttura della memoria: Stack e Heap

La struttura della memoria in un programma C è organizzata in diverse sezioni, ognuna con un ruolo specifico nel supportare l'esecuzione del programma. Le principali sezioni di memoria includono lo Stack, l'Heap, la sezione dei Dati e la sezione del Codice. In questa sezione ci concentreremo sulle prime due sezioni.

Stack

Lo Stack, o Pila, è una regione di memoria organizzata secondo il principio di "Last In, First Out" (LIFO). Ciò significa che l'ultimo elemento inserito nello stack è il primo ad essere rimosso. Lo Stack è utilizzato per la gestione delle chiamate di funzione e delle variabili locali.

1. Gestione delle Chiamate di Funzione

Quando una funzione viene chiamata, uno stack frame (frame di stack) viene creato e inserito nello stack. Un frame di stack contiene le informazioni necessarie per gestire la chiamata di una funzione specifica, tra cui:

- Variabili locali: le variabili dichiarate all'interno di una funzione vengono allocate nello stack frame. Queste variabili esistono solo durante l'esecuzione della funzione e vengono deallocate quando la funzione termina.
- Puntatore di Base dello Stack (EBP): punto di riferimento per accedere alle variabili locali e ad altri dati nello stack frame corrente.
- Indirizzo di ritorno: l'indirizzo di ritorno indica il punto nel programma in cui l'esecuzione deve riprendere dopo che la funzione termina.
- Parametri di funzione: i parametri passati alla funzione vengono spesso memorizzati nello stack frame.

Esempio:

```c
#include <stdio.h>

void funzioneA() {
    int variabileLocaleA = 10;
    printf("Variabile Locale A: %d\n", variabileLocaleA);
}

void funzioneB() {
    int variabileLocaleB = 20;
    funzioneA();   // Chiamata di funzione all'interno di un'altra funzione
```

```
        printf("Variabile Locale B: %d\n", variabileLocaleB);
}
int main() {
    funzioneB();   // Chiamata della funzione principale
    return 0;
}
```

Analizziamo l'ordine di creazione e distruzione degli stack frame per il codice fornito:

- *main* (Stack Frame Principale):

Quando il programma inizia l'esecuzione, viene creato uno stack frame per la funzione main. All'interno di questo frame vengono allocate le variabili locali di *main*, in questo caso, non ci sono variabili locali in *main* oltre al ritorno (return 0;).

- Chiamata a *funzioneB* dal main:

Quando viene chiamata *funzioneB* dal *main*, un nuovo stack frame per *funzioneB* viene creato sopra il frame di *main*. All'interno del frame di *funzioneB*, viene allocata la variabile locale *variabileLocaleB*.

- Chiamata a *funzioneA* da *funzioneB*:

Quando *funzioneB* chiama *funzioneA*, viene creato un nuovo stack frame per *funzioneA* sopra il frame di *funzioneB*. All'interno di questo frame vengono allocate le variabili locali di *funzioneA*, in questo caso, la variabile locale *variabileLocaleA*.

- Stampa in *funzioneA*:

Dopo la stampa della variabile locale *variabileLocaleA* in *funzioneA*, il frame di *funzioneA* viene distrutto e il controllo ritorna a *funzioneB*.

- Stampa in *funzioneB*:

Dopo la stampa della variabile locale *variabileLocaleB* in *funzioneB*, il frame di *funzioneB* viene distrutto e il controllo ritorna a *main*.

- Terminazione di *main*:

Dopo la stampa nella funzione *main* e la dichiarazione *return 0;*, il frame di *main* viene distrutto e il programma termina.

Quindi, l'ordine di creazione e distruzione degli stack frame è il seguente: main -> funzioneB -> funzioneA -> funzioneB -> main.

2. Dimensione fissa dello Stack

La dimensione dello stack è solitamente predefinita e limitata. Questo limite impone una restrizione sulla profondità massima delle chiamate di funzione. Quando lo stack è completamente occupato, si verifica uno *stack overflow*, che può causare il crash del programma.

3. Vantaggi dello Stack

- Efficienza: l'allocazione e la deallocazione delle variabili nello stack sono veloci poiché seguono un modello di LIFO. Non è necessario gestire manualmente la memoria, rendendo le operazioni nello stack efficienti.
- Scope limitato nel tempo: le variabili locali esistono solo durante l'esecuzione della funzione, riducendo il rischio di conflitti e garantendo la pulizia automatica della memoria.

4. Limitazioni dello Stack

- Dimensione limitata: la dimensione dello stack è limitata, il che può portare a problemi se si lavora con strutture dati complesse o ricorsione profonda.
- Durata limitata delle variabili locali: Le variabili locali esistono solo durante l'esecuzione della funzione; quindi, non sono persistenti tra le chiamate di funzione.

In conclusione, lo Stack è una componente fondamentale nella struttura della memoria in C, utilizzata per la gestione delle chiamate di funzione e delle variabili locali. Comprendere come funziona lo Stack è cruciale per scrivere codice efficiente e prevenire problemi come stack overflow.

Heap

L'Heap è una regione di memoria che offre la possibilità di allocare e deallocare dinamicamente la memoria durante l'esecuzione di un programma. A differenza dello Stack, l'Heap non segue un modello LIFO (Last In, First Out) e offre maggiore flessibilità, ma richiede una gestione più attenta da parte del programmatore.

1. Allocazione Dinamica di Memoria

L'allocazione dinamica di memoria nello Heap è spesso necessaria quando la dimensione di una struttura dati o di un array non è nota a priori o deve essere modificata durante l'esecuzione del programma. In C, la funzione chiave per l'allocazione dinamica è *malloc* (memory allocation), come già visto nelle sezioni precedenti.

```c
#include <stdio.h>
#include <stdlib.h>

int main() {
    int *puntatoreIntero;

    // Allocazione di memoria per un singolo intero
    puntatoreIntero = (int *)malloc(sizeof(int));

    // Verifica se l'allocazione è riuscita
    if (puntatoreIntero == NULL) {
        printf("Errore nell'allocazione di memoria\n");
        return 1;   // Uscita con codice di errore
    }

    // Utilizzo del blocco di memoria
```

```
    *puntatoreIntero = 42;
    printf("Valore allocato dinamicamente: %d\n", *puntatoreIntero);

    // Deallocazione della memoria
    free(puntatoreIntero);

    return 0;
}
```

In questo esempio, *malloc* viene utilizzato per allocare dinamicamente la memoria per un singolo intero. La memoria allocata può essere utilizzata e poi liberata con *free* quando non è più necessaria.

2. Allocazione di Memoria per Array

È possibile utilizzare *malloc* per allocare dinamicamente memoria per array di dati.

```
#include <stdio.h>
#include <stdlib.h>

int main() {
    int *arrayDinamico;

    // Allocazione di memoria per un array di 5 interi
    arrayDinamico = (int *)malloc(5 * sizeof(int));

    if (arrayDinamico == NULL) {
        printf("Errore nell'allocazione di memoria\n");
        return 1;
    }

    // Utilizzo dell'array dinamico
    for (int i = 0; i < 5; i++) {
        arrayDinamico[i] = i * 10;
    }

    // Stampa dei valori dell'array dinamico
    for (int i = 0; i < 5; i++) {
        printf("%d ", arrayDinamico[i]);
    }

    // Deallocazione della memoria
    free(arrayDinamico);
```

```
    return 0;
}
```

In questo esempio, *malloc* viene utilizzato per allocare dinamicamente memoria per un array di 5 interi. L'array può essere utilizzato come un normale array, e la memoria deve essere liberata con free quando non è più necessaria.

3. Allocazione Dinamica di Strutture Dati Complesse

L'allocazione dinamica è particolarmente utile quando si lavora con strutture dati complesse, come strutture o array multidimensionali di dimensioni variabili.

```c
#include <stdio.h>
#include <stdlib.h>

typedef struct {
    int x;
    int y;
} Punto;

int main() {
    Punto *puntatorePunto;

    // Allocazione di memoria per una struttura Punto
    puntatorePunto = (Punto *)malloc(sizeof(Punto));

    if (puntatorePunto == NULL) {
        printf("Errore nell'allocazione di memoria\n");
        return 1;
    }

    // Utilizzo della struttura allocata dinamicamente
    puntatorePunto->x = 5;
    puntatorePunto->y = 10;

    // Stampa dei valori della struttura
    printf("Coordinate del punto: (%d, %d)\n", puntatorePunto->x, puntatorePunto->y);

    // Deallocazione della memoria
    free(puntatorePunto);

    return 0;
```

}

In questo esempio, *malloc* viene utilizzato per allocare dinamicamente la memoria per una struttura *Punto*. La struttura può essere utilizzata come qualsiasi altra variabile strutturata.

4. Deallocazione della Memoria con free

L'allocazione dinamica di memoria richiede la deallocazione esplicita quando la memoria non è più necessaria. La funzione free è utilizzata per restituire la memoria allocata precedentemente al sistema.

```
int *puntatore = (int *)malloc(sizeof(int));

// Utilizzo del blocco di memoria

// Deallocazione della memoria quando non è più necessaria
free(puntatore);
```

La mancata deallocazione della memoria allocata dinamicamente può causare perdite di memoria.

5. Calloc e Realloc

La funzione *calloc* (memory allocation for contiguous) è simile a *malloc*, ma inizializza la memoria allocata a zero.

```
int *puntatoreArray = (int *)calloc(10, sizeof(int));
```

La funzione *realloc* (resize memory block) viene utilizzata per modificare la dimensione di un blocco di memoria precedentemente allocato con *malloc* o *calloc*. È utile per adattare dinamicamente la dimensione di una struttura dati durante l'esecuzione del programma.

```
int *nuovoPuntatoreArray = (int *)realloc(puntatoreArray, 20 * sizeof(int));
```

In conclusione, l'Heap in C fornisce uno spazio di memoria dinamico che può essere allocato e deallocato durante l'esecuzione del programma. La gestione dell'Heap richiede attenzione per evitare memory leak o accessi non validi alla memoria. Allocazione dinamica e deallocazione sono strumenti potenti che consentono una maggiore flessibilità nella gestione della memoria.

Input e Output

Il linguaggio C offre un insieme robusto di strumenti per la gestione dei file, un aspetto fondamentale per molti tipi di applicazioni, dalla manipolazione di dati alla creazione di strumenti software complessi. Questo capitolo delinea il ruolo cruciale dell'header *<stdio.h>* e introduce il concetto di I/O Streams e degli oggetti FILE, fondamentali per il funzionamento del sistema di input/output in C.

Ruolo dell'header <stdio.h>

L'header <stdio.h> è uno dei più fondamentali nell'ecosistema di sviluppo C. Esso definisce un insieme di funzioni e macro per la gestione degli stream di input/output e dei file. La sua inclusione in un programma C è quasi onnipresente, poiché fornisce le fondamenta per le operazioni di base di input/output, rendendo possibile la comunicazione con dispositivi esterni come lo schermo, la tastiera, i file su disco e altri dispositivi di I/O.

Cos'è uno stream di input e output?

Uno stream di input/output (I/O) rappresenta un flusso di dati che viene letto (input) o scritto (output) tra un programma e un dispositivo esterno o un file. In C, gli stream sono astratti in modo tale da rendere l'operazione di lettura e scrittura indipendente dal tipo di dispositivo. Questo significa che lo stesso set di funzioni può essere utilizzato per leggere da una tastiera, scrivere su un monitor, o manipolare un file su disco senza modifiche sostanziali al codice.

- Stream di input

Uno stream di input è un flusso da cui il programma legge i dati. Esempi comuni includono:

- o stdin: standard input, di solito associato alla tastiera. È lo stream da cui i dati vengono letti quando un utente inserisce dati tramite la console.
- o File: un programma può leggere dati da un file, in cui lo stream è collegato a un file su disco.
- Stream di output

Uno stream di output è un flusso verso cui il programma scrive i dati. Esempi comuni includono:

- o stdout: standard output, di solito associato allo schermo. È lo stream su cui i dati vengono scritti per essere visualizzati all'utente.
- o stderr: standard error, anch'esso generalmente associato allo schermo, ma utilizzato per scrivere messaggi di errore e diagnostici.
- o File: un programma può scrivere dati in un file, in cui lo stream è collegato a un file su disco.

Funzioni principali dell'header <stdio.h>

L'header <stdio.h> fornisce numerose funzioni per la gestione degli stream di input e output. Tra le funzionalità principali fornite ci sono le funzioni per la lettura e la scrittura di dati da e verso i file, nonché per la gestione dei flussi standard di input/output (stdin, stdout, stderr). Inoltre, fornisce macro utili per il controllo del buffering e della posizione all'interno di un file. In sostanza, <stdio.h> costituisce il ponte tra il programma C e il sistema operativo, consentendo l'interazione con l'ambiente esterno.

Concetto di I/O Streams e oggetti FILE

Centrale alla gestione dei file in C è il concetto di I/O Streams, che rappresenta un flusso unidirezionale di dati tra il programma e un dispositivo di I/O. Gli stream, come già detto nella sezione precedente, possono essere sia di input che di output, e sono trattati come sequenze di caratteri. Ciò significa che, anche se un file potrebbe contenere dati binari o non di testo, in C viene comunque trattato come una sequenza di caratteri.

Per operare con gli stream, C utilizza un tipo di dato speciale chiamato FILE. Un oggetto FILE rappresenta un file aperto e contiene informazioni come il nome del file, lo stato di apertura, la posizione corrente nel file e altre informazioni di controllo. È importante notare che gli oggetti FILE non contengono i dati del file stesso; piuttosto, fungono da puntatori a una struttura di controllo interna del sistema operativo che gestisce l'apertura e la lettura/scrittura del file.

Quando un file viene aperto, viene creato un oggetto FILE corrispondente. Questo oggetto viene quindi utilizzato per tutte le operazioni di lettura e scrittura sul file associato.

Gestione dei flussi di Input/Output

La gestione dei flussi di input/output (I/O) in C è fondamentale per interagire con dispositivi esterni come file su disco, dispositivi di rete e i flussi standard di input/output (stdin, stdout, stderr). Questa sezione esplora approfonditamente il concetto di oggetti FILE e puntatori FILE*, nonché l'associazione dei flussi con dispositivi fisici esterni.

Vediamo un esempio:

```
#include <stdio.h>
```

```c
int main() {
    FILE *file_ptr; // Dichiarazione di un puntatore FILE*

    // Apertura di un file in modalità scrittura
    file_ptr = fopen("file.txt", "w");

    // Operazioni di scrittura o lettura sul file utilizzando il puntatore FILE*

    // Chiusura del file
    fclose(file_ptr);

    return 0;
}
```

I puntatori FILE* vengono utilizzati per manipolare gli oggetti FILE. Ad esempio, quando si apre un file utilizzando la funzione fopen(), viene restituito un puntatore FILE* che punta all'oggetto FILE associato al file appena aperto. Questo puntatore viene quindi utilizzato per tutte le operazioni di lettura, scrittura e gestione sul file.

Manipolazione dei file

La manipolazione dei file in C coinvolge operazioni di apertura, chiusura, lettura e scrittura, nonché la gestione accurata degli errori e dei flag di apertura. Questa sezione esplorerà queste operazioni in dettaglio.

Apertura di un file

Per aprire un file in C, si utilizza la funzione *fopen()*, che accetta due argomenti: il percorso del file da aprire e la modalità di apertura (lettura 'r', scrittura 'w', aggiunta 'a', etc.).

```c
#include <stdio.h>

int main() {
    FILE *file_ptr;

    // Apertura di un file in modalità lettura
```

```
    file_ptr = fopen("file.txt", "r");

    // Operazioni di lettura o scrittura sul file

    // Chiusura del file
    fclose(file_ptr);

    return 0;
}
```

Lettura e scrittura su file

Dopo aver aperto un file, è possibile eseguire operazioni di lettura e scrittura utilizzando funzioni come *fscanf()*, *fprintf()*, *fread()* e *fwrite()*.

```
#include <stdio.h>

int main() {
    FILE *file_ptr;
    int num;

    // Apertura di un file in modalità scrittura
    file_ptr = fopen("output.txt", "w");

    // Scrittura su file
    fprintf(file_ptr, "Hello, World!\n");

    // Chiusura del file
    fclose(file_ptr);

    // Apertura di un file in modalità lettura
    file_ptr = fopen("output.txt", "r");

    // Lettura dal file
    fscanf(file_ptr, "%d", &num);

    // Chiusura del file
    fclose(file_ptr);

    return 0;
}
```

Chiusura di un file

Per chiudere un file, si utilizza la funzione *fclose()*, che libera le risorse associate al file.

Gestione degli errori e dei flag di Apertura

Durante l'apertura di un file, è importante gestire eventuali errori che potrebbero verificarsi, come la mancanza del file, l'impossibilità di accedere al file, etc. La funzione *fopen()* restituisce NULL se si verifica un errore durante l'apertura del file, quindi è necessario controllare il valore restituito per gestire l'errore.

```c
#include <stdio.h>

int main() {
    FILE *file_ptr;

    // Apertura di un file in modalità lettura
    file_ptr = fopen("file.txt", "r");

    // Controllo degli errori
    if (file_ptr == NULL) {
        printf("Impossibile aprire il file.\n");
        return 1;
    }

    // Operazioni sul file...

    // Chiusura del file
    fclose(file_ptr);

    return 0;
}
```

Inoltre, è possibile specificare dei flag per controllare il comportamento dell'apertura del file, ad esempio per aprire un file in modalità binaria ("rb" o "wb") o per aggiungere dati a un file esistente ("a").

Caratteri stretti e larghi: differenze e utilizzo

Nella programmazione in linguaggio C, la manipolazione di caratteri stretti e larghi svolge un ruolo fondamentale, specialmente quando si tratta di gestire dati testuali e supportare lingue diverse. Questa sezione esplora le differenze tra caratteri stretti e larghi e il loro utilizzo all'interno di un programma.

Caratteri stretti

I caratteri stretti, noti anche come caratteri a singolo byte, sono rappresentati utilizzando un solo byte di memoria. Questo li rende adatti per rappresentare un insieme limitato di caratteri, in genere quelli definiti nell'American Standard Code for Information Interchange (ASCII). I caratteri stretti comprendono lettere maiuscole e minuscole, numeri, simboli di punteggiatura e alcuni caratteri di controllo. Nella programmazione in C, questi caratteri sono rappresentati utilizzando il tipo di dato *char* il quale è ampiamente utilizzato per la manipolazione di stringhe di testo è caratteri ASCII all'interno di programmi. Le funzioni di input/output con caratteri stretti, come *getchar()*, *putchar()*, *fprintf()*, *fscanf()*, sono utilizzate per manipolare dati testuali a livello di carattere.

Caratteri larghi

I caratteri larghi, noti anche come caratteri a larghezza fissa, sono progettati per gestire una vasta gamma di simboli, linguaggi e caratteri speciali. Essi richiedono più di un byte per essere rappresentati e sono spesso utilizzati per supportare lingue che utilizzano una grande varietà di caratteri, come il cinese, il giapponese, il coreano e per rappresentare simboli speciali e caratteri accentati nelle lingue europee. In C, i caratteri larghi sono rappresentati utilizzando il tipo di dato *wchar_t* (wide character). L'header *<wchar.h>* fornisce funzioni specializzate per la manipolazione di questi tipi di caratteri, come *fputwc()*, *fgetwc()*, *fwprintf()*, *fwscanf()*. Queste funzioni consentono la gestione precisa e affidabile di dati testuali a larghezza fissa, supportando applicazioni multilingue e internazionali.

Utilizzo in C

La scelta tra caratteri stretti e larghi dipende dalle esigenze specifiche dell'applicazione. Se si lavora principalmente con caratteri ASCII e stringhe di testo in lingua inglese o altre lingue che utilizzano l'alfabeto latino, i caratteri stretti sono generalmente sufficienti. Tuttavia, se si lavora con lingue che richiedono una vasta gamma di caratteri, come il cinese o il giapponese, o se si desidera supportare simboli speciali e caratteri accentati, allora i caratteri larghi diventano indispensabili.

Input/Output con caratteri Stretti

Il linguaggio C offre un insieme ricco di funzioni per l'input/output con caratteri stretti, che sono caratteri ASCII o estesi a singolo byte. Queste funzioni, definite nell'header *<stdio.h>*, consentono la manipolazione efficiente dei dati testuali in un programma C. Questa sezione esplora in dettaglio le principali funzioni offerte da <stdio.h> e illustra il loro utilizzo pratico attraverso esempi.

Funzioni fornite da <stdio.h> per l'I/O con caratteri stretti

- **fprintf()**: è una funzione che permette la formattazione e la scrittura di dati su un file o su uno stream di output. La sua sintassi è simile a *printf()* ma consente di specificare lo stream di output come primo argomento.
- **fscanf()**: analogamente a *fprintf()*, *fscanf()* permette la lettura e l'interpretazione formattata dei dati da un file o da uno stream di input. È spesso usata per leggere dati da file di testo o da altri dispositivi di input.

- **getchar()**: è una funzione di input che legge un singolo carattere da *stdin* (standard input) e restituisce il valore ASCII corrispondente. È spesso usata per l'input interattivo dell'utente.
- **putchar()**: è una funzione di output che scrive un singolo carattere su *stdout* (standard output). È comunemente utilizzata per la stampa di caratteri su schermo.
- **fgets()**: funzione che legge una riga di testo da un file o da uno stream di input e la memorizza in un buffer di caratteri. È utile per leggere righe di testo da file o da dispositivi di input.
- **fputs()**: analogamente a *fgets()*, *fputs()* scrive una stringa di caratteri in un file o in uno stream di output. È spesso utilizzata per scrivere stringhe di testo su file o su dispositivi di output.
- **printf()**: è una delle funzioni di output più utilizzate in C. Consente la formattazione e la stampa di dati su *stdout* (standard output), consentendo di specificare il formato di output utilizzando stringhe di formato.

Utilizzo di funzioni come fprintf(), fscanf(), getchar(), putchar(), etc.

Per comprendere appieno l'utilizzo pratico di queste funzioni, consideriamo alcuni esempi comuni:

- Utilizzo di *fprintf()* e *fscanf()* per la lettura/scrittura su file:

```c
#include <stdio.h>

int main() {
    FILE *file_ptr;
    int num = 42; // Definiamo un valore intero

    // Apertura del file in modalità scrittura
    file_ptr = fopen("output.txt", "w");

    // Scrittura su file
```

```
    fprintf(file_ptr, "%d\n", num); // Scriviamo il valore intero nel file

    // Chiusura del file
    fclose(file_ptr);

    // Apertura del file in modalità lettura
    file_ptr = fopen("output.txt", "r");

    // Lettura dal file
    fscanf(file_ptr, "%d", &num);

    // Chiusura del file
    fclose(file_ptr);

    // Stampiamo il valore letto dal file
    printf("Il valore letto dal file e': %d\n", num);

    return 0;
}
```

- Utilizzo di *getchar()* e *putchar()* per l'input/output interattivo:

```
#include <stdio.h>

int main() {
    char c;

    // Lettura di un carattere
    printf("Inserisci un carattere: ");
    c = getchar();

    // Stampa del carattere
    printf("Il carattere inserito è: ");
    putchar(c);

    return 0;
}
```

Input/Output con caratteri larghi

La gestione degli I/O con caratteri larghi si riferisce alla manipolazione di caratteri Unicode a larghezza fissa, che possono richiedere più di un byte per essere rappresentati.

Introduzione all'header <wchar.h>

L'header *<wchar.h>* è essenziale per la gestione dell'I/O con caratteri larghi in C. Fornisce un insieme di funzioni specializzate per la manipolazione di caratteri Unicode a larghezza fissa e per la gestione dei file di testo che utilizzano codifiche multibyte come UTF-8.

Funzioni per l'I/O con caratteri larghi

- **fputwc()**: questa funzione scrive un singolo carattere wide (carattere largo) in uno stream di output specificato. Prende come argomenti il carattere da scrivere e lo stream di output in cui deve essere scritto.
- **fgetwc()**: simile a *fputwc()*, questa funzione legge un singolo carattere wide da uno stream di input specificato e lo restituisce come un valore wide character.
- **fwprintf()**: analogo a *fprintf()*, questa funzione permette la formattazione e la scrittura di dati wide characters su un file o su uno stream di output.
- **fwscanf()**: simile a *fscanf()*, questa funzione consente la lettura e l'interpretazione formattata di dati wide characters da un file o da uno stream di input.
- **fputws()**: questa funzione scrive una stringa di caratteri wide in uno stream di output specificato. Prende come argomenti la stringa wide character e lo stream di output in cui deve essere scritta.
- **fgetws()**: simile a *fgets()*, questa funzione legge una riga di testo wide da un file o da uno stream di input e la memorizza in un buffer di caratteri wide.

Si rimanda al lettore l'applicazione di queste funzioni.

La gestione degli errori

La gestione degli errori è un aspetto cruciale della programmazione. Un'efficace gestione degli errori può migliorare significativamente la robustezza, l'affidabilità e la manutenibilità del codice. Questo capitolo esplorerà varie tecniche e best practices per la gestione degli errori in C.

La gestione degli errori è fondamentale per diverse ragioni:

- Previene crash del programma
- Migliora la sicurezza del software
- Facilita il debugging
- Aumenta l'affidabilità del codice
- Migliora l'esperienza utente

Tecniche di Base per la Gestione degli Errori
Utilizzo dei Codici di Ritorno

Nella programmazione in C, l'uso dei codici di ritorno è cruciale per gestire correttamente gli errori e le condizioni anomale durante l'esecuzione del programma. Questa sezione esplorerà come utilizzarli e fornirà un esempio pratico di come implementare la gestione degli errori.

Perché usare i codici di ritorno?

I codici di ritorno consentono al programma di comunicare lo stato dell'esecuzione o l'eventuale presenza di errori a parti interessate, come altre funzioni, moduli o al sistema operativo. Questo approccio aiuta a garantire che il programma possa reagire in modo appropriato a eventi imprevisti, come fallimenti di allocazione di memoria, errori di input o impossibilità di accedere a file.

Consideriamo un esempio semplice di una funzione che apre un file e legge il suo contenuto. La funzione restituirà un codice di ritorno per indicare se l'operazione è avvenuta con successo o se si è verificato un errore.

Esempio di codice:

```c
#include <stdio.h>
#include <stdlib.h>

// Funzione che legge il contenuto di un file
int read_file(const char *filename) {
    FILE *fp;
    char buffer[100];

    // Apre il file in modalità lettura
    fp = fopen(filename, "r");
    if (fp == NULL) {
        perror("Errore durante l'apertura del file");
        return EXIT_FAILURE;  // Restituisce un codice di errore
    }

    // Legge e stampa il contenuto del file
    while (fgets(buffer, sizeof(buffer), fp) != NULL) {
        printf("%s", buffer);
    }

    // Chiude il file
    fclose(fp);

    return EXIT_SUCCESS;  // Operazione completata con successo
}
int main() {
    const char *filename = "test.txt";
    int result;

    result = read_file(filename);

    if (result == EXIT_SUCCESS) {
        printf("Lettura del file completata con successo.\n");
    } else {
```

```
        printf("Si è verificato un errore durante la lettura del file.\n");
    }

    return 0;
}
```

Output:

```
Errore durante l'apertura del file: No such file or directory
Si è verificato un errore durante la lettura del file.
```

<u>Come migliorare la gestione degli errori con i codici di ritorno</u>

Per migliorare ulteriormente la gestione degli errori con i codici di ritorno in C, è consigliabile:

- Documentare chiaramente i codici di ritorno e il loro significato all'interno del codice.
- Assicurarsi che tutte le funzioni che possono fallire restituiscano un codice di errore appropriato.
- Implementare una strategia coerente per la gestione degli errori in tutto il programma, che possa essere facilmente compresa e mantenuta.

Uso della variabile globale errno

La variabile globale *errno* è una componente fondamentale nella gestione degli errori in C. Essa è definita nel file degli header *<errno.h>* e viene utilizzata per registrare il codice dell'ultimo errore che si è verificato durante l'esecuzione di una funzione di libreria. Questa sezione esplorerà come errno può essere utilizzato per identificare e gestire gli errori in C, fornendo esempi pratici e considerazioni importanti.

Funzionamento di errno

errno è una variabile intera che viene impostata da molte funzioni della libreria standard di C quando si verifica un errore. Ogni volta che si chiama una di queste funzioni, è buona pratica verificare il valore di errno per determinare la causa specifica dell'errore.

Prima di utilizzare *errno*, è necessario includere l'header *<errno.h>* nel file sorgente:

```
#include <errno.h>
```

Interrogare errno

Dopo aver chiamato una funzione che potrebbe impostare *errno*, è possibile interrogare *errno* per ottenere il codice di errore corrispondente. È importante notare che il valore di *errno* ha senso solo se la funzione chiamata ha segnalato un errore. Altrimenti, il valore di *errno* potrebbe non essere stato modificato dalla funzione.

Gestione degli errori con errno

Quando *errno* viene impostato da una funzione di libreria, il suo valore può essere interpretato utilizzando macro definite in *<errno.h>* come *perror()* e *strerror()* per ottenere informazioni più dettagliate sull'errore.

Esempio

Ecco un esempio che mostra come utilizzare *errno* per gestire un errore durante l'apertura di un file:

```
#include <stdio.h>
#include <errno.h>
#include <string.h>

int main() {
```

```
    FILE *fp;

    fp = fopen("non_esiste.txt", "r");
    if (fp == NULL) {
        fprintf(stderr, "Errore durante l'apertura del file: %s\n", strer-
ror(errno));
        return 1;
    }

    // Operazioni sul file...

    fclose(fp);
    return 0;
}
```

Output:

```
Errore durante l'apertura del file: No such file or directory
```

Spiegazione dell'esempio:

- La funzione fopen() tenta di aprire il file "non_esiste.txt" in modalità lettura.
- Se fopen() restituisce NULL, indica che si è verificato un errore durante l'apertura del file.
- errno viene impostato da fopen() per indicare il tipo specifico di errore.
- strerror(errno) converte il codice di errore di errno in una stringa leggibile che descrive l'errore.
- fprintf(stderr, ...) stampa il messaggio di errore su stderr, includendo la descrizione dell'errore ottenuta da strerror(errno).

Considerazioni importanti

- Thread Safety: errno è implementato come una variabile globale e può essere utilizzato in modo sicuro in programmi single-threaded. Tuttavia, in programmi multi-threaded, errno può essere sovrascritto da altri thread. Per thread safety, alcune implementazioni di C offrono errno come variabile thread-local.

- Reset di errno: dopo aver verificato il valore di errno, è consigliabile reimpostarlo a zero (errno = 0;) prima di chiamare altre funzioni, specialmente se non si intende utilizzare errno per gestire potenziali errori successivi.

Tecniche Avanzate di Gestione degli Errori
Utilizzo di setjmp e longjmp

In C, *setjmp* e *longjmp* sono funzioni speciali che consentono di gestire il controllo del flusso del programma in modo non sequenziale. Questo meccanismo è utile per implementare gestioni personalizzate degli errori o per saltare direttamente a punti specifici del programma senza passare attraverso la normale sequenza di chiamate di funzione. Questa sezione esplorerà come utilizzare queste funzioni con un esempio pratico.

Funzionamento di setjmp e longjmp

- **setjmp**: questa funzione viene utilizzata per stabilire un "punto di salto" nel programma. Essa salva lo stato del contesto del programma, inclusi i registri della CPU e lo stack di chiamate delle funzioni, in una struttura dati chiamata *jmp_buf*.
- **longjmp**: quando viene chiamata, *longjmp* riporta il programma immediatamente al punto di salto memorizzato da *setjmp*. Questo può essere utile per gestire situazioni di errore in modo non sequenziale o per implementare una logica di gestione delle eccezioni personalizzata.

Prima di utilizzare *setjmp* e *longjmp*, è necessario includere l'header *<setjmp.h>*.

Esempio

Ecco un esempio semplice che dimostra come utilizzare setjmp e longjmp per gestire un'eccezione:

```c
#include <stdio.h>
#include <setjmp.h>

jmp_buf buf;

void some_function(int value) {
    if (value < 0) {
        printf("Errore: Il valore non può essere negativo\n");
        longjmp(buf, 1);  // Salta al punto di setjmp con valore di ritorno 1
    }

    printf("Il valore è: %d\n", value);
}

int main() {
    int value;

    if (setjmp(buf) == 0) {
        printf("Inserisci un valore: ");
        scanf("%d", &value);

        some_function(value);
    } else {
        printf("Gestione dell'errore tramite longjmp\n");
    }

    return 0;
}
```

Output:

```
Inserisci un valore: -4
Errore: Il valore non puo' essere negativo
Gestione dell'errore tramite longjmp
```

Spiegazione dell'esempio:

- jmp_buf buf: definisce una variabile di tipo *jmp_buf* utilizzata per memorizzare lo stato del programma per il salto non sequenziale.

- setjmp(buf) == 0: la funzione *setjmp* viene utilizzata per stabilire un punto di salto nel programma. Restituisce 0 quando viene chiamata direttamente (non tramite longjmp).
- longjmp(buf, 1): quando *longjmp* viene chiamato con *buf* e un valore diverso da 0 (in questo caso 1), il programma salta al punto di *setjmp(buf)* corrispondente e continua l'esecuzione da quel punto.
- Nel nostro esempio, se value è negativo, *some_function()* stampa un messaggio di errore e chiama *longjmp(buf, 1)*. Questo fa sì che il programma salta al punto di *setjmp(buf)* in *main()* e esegue il ramo else della condizione, stampando "Gestione dell'errore tramite longjmp".

Considerazioni

- Stack Unwinding: *longjmp* non esegue la normale "unwinding" dello stack delle chiamate di funzione. Questo significa che le risorse allocate localmente nelle funzioni chiamate non verranno automaticamente rilasciate. È responsabilità del programmatore gestire la pulizia delle risorse in modo appropriato.
- Thread Safety: *setjmp* e *longjmp* non sono thread-safe. Se si utilizzano in un programma multi-threaded, è necessario adottare misure di sincronizzazione per garantire che il loro utilizzo sia sicuro.
- Complessità e Debugging: l'uso di *setjmp* e *longjmp* può rendere il flusso del programma più difficile da seguire e debuggare, poiché può saltare direttamente da un punto all'altro senza seguire l'ordinaria sequenza di esecuzione.

Callback di gestione degli errori

Nella programmazione in C, i callback di gestione degli errori consentono di personalizzare il comportamento del programma in risposta a situazioni di errore. Questo approccio permette di separare la logica di gestione degli errori dalla logica principale del programma, migliorando la modularità e la manutenibilità del codice.

Concetto di callback di gestione degli errori

Un callback di gestione degli errori è una funzione (o un puntatore a funzione) passata come parametro a un'altra funzione. Questa funzione di callback viene chiamata quando si verifica un errore, consentendo al programma di gestire l'errore in modo personalizzato, come stampare un messaggio di errore, registrare un evento di errore, o ripristinare lo stato del programma a uno stato valido.

Esempio

Per implementare un callback di gestione degli errori, di seguito è riportato un esempio di struttura di base:

```c
#include <stdio.h>

// Definizione del tipo del callback di gestione degli errori
typedef void (*error_handler_t)(const char *);

// Funzione che esegue un'operazione con un potenziale errore
void perform_operation(int value, error_handler_t error_handler) {
    if (value < 0) {
        // Chiamata al callback di gestione degli errori
        error_handler("Errore: il valore non può essere negativo.");
        return;
    }

    // Simulazione di un'operazione con valore positivo
    printf("Operazione eseguita con successo con valore: %d\n", value);
}
// Funzione di callback predefinita per stampare un messaggio di errore
void default_error_handler(const char *message) {
    fprintf(stderr, "%s\n", message);
}

// Funzione di callback personalizzata per gestire gli errori in modo specifico
void custom_error_handler(const char *message) {
```

```c
        fprintf(stderr, "Errore personalizzato: %s\n", message);
        // Altre azioni per gestire l'errore in modo specifico
}

int main() {
    int value = -1;

    // Esempio di utilizzo con il callback di gestione degli errori predefinito
    perform_operation(value, default_error_handler);

    // Esempio di utilizzo con un callback di gestione degli errori personalizzato
    perform_operation(value, custom_error_handler);

    return 0;
}
```

Output:

```
[default error] - Errore: il valore non puo' essere negativo.
[custom error] - Errore: il valore non puo' essere negativo.
```

Spiegazione dell'esempio:

- error_handler_t: è un *typedef* per il tipo di funzione callback che accetta una stringa come parametro e restituisce *void*.
- perform_operation(): è una funzione che esegue un'operazione con un valore value. Se value è negativo, chiama il callback error_handler passando un messaggio di errore.
- default_error_handler(): è una funzione di callback predefinita che stampa un messaggio di errore su stderr.
- custom_error_handler(): è una funzione definita che corrisponde al tipo di callback error_handler_t. Questa funzione semplicemente stampa un messaggio di errore personalizzato utilizzando fprintf su stderr. Puoi aggiungere qualsiasi altra logica necessaria per gestire l'errore in modo specifico per le esigenze del tuo programma.

- main(): nel main, perform_operation() viene chiamato due volte con un valore negativo e viene passato sia il callback predefinito default_error_handler che un callback personalizzato custom_error_handler.

Vantaggi dei callback di gestione degli errori

- Personalizzazione: consentono di personalizzare il comportamento del programma in risposta agli errori, ad esempio gestendo diversamente gli errori in base al contesto o alle necessità specifiche del programma.
- Separazione delle responsabilità: separano la logica principale del programma dalla gestione degli errori, migliorando la chiarezza e la manutenibilità del codice.
- Riutilizzo del codice: consentono di riutilizzare il codice del gestore degli errori in più parti del programma senza duplicare la logica di gestione degli errori.

Utilità di supporto in un programma C

In questo capitolo affronteremo i fondamentali aspetti riguardanti la gestione della terminazione del programma, la comunicazione con l'ambiente esterno e la gestione dei segnali. Questi argomenti rivestono un'importanza cruciale nell'ambito dello sviluppo software, poiché influenzano direttamente l'esecuzione e il comportamento del programma stesso.

La terminazione del programma è un processo critico che richiede la corretta liberazione delle risorse allocate e la pulizia delle operazioni in corso prima della chiusura.

La comunicazione con l'ambiente esterno è un'altra componente essenziale del software, che include operazioni come l'esecuzione di comandi del sistema operativo e l'accesso alle variabili d'ambiente.

Infine, esploreremo il tema dei segnali, che sono notifiche inviate al programma per gestire eventi o situazioni particolari.

Terminazione del programma

Le utilità di supporto al programma in C forniscono funzionalità per la gestione della terminazione del programma e la pulizia delle risorse. Importando il file d'intestazione *<stdlib.h>*, è possibile accedere a funzioni che permettono di terminare il programma sia in modo normale che anomalo, pulendo le risorse allocate durante l'esecuzione. Di seguito è riportata una panoramica delle principali funzioni e costanti utilizzate per la gestione della terminazione del programma:

1. **abort:**

Causa la terminazione anomala del programma senza eseguire alcuna pulizia delle risorse allocate.

È utilizzata in situazioni in cui è necessario interrompere immediatamente l'esecuzione del programma a causa di un errore irreversibile o critico.

Esempio:

```c
#include <stdio.h>
#include <stdlib.h>

int main() {
    int num;

    printf("Inserisci un numero: ");
    scanf("%d", &num);

    // Verifica se il numero inserito è negativo
    if (num < 0) {
        printf("Errore: Il numero inserito e' negativo.\n");
        abort(); // Termina immediatamente il programma in modo anomalo
    }

    // Se il numero è positivo, continua l'esecuzione del programma
    printf("Il numero inserito e' %d.\n", num);

    return 0;
}
```

2. exit:

Causa la terminazione normale del programma, eseguendo la pulizia delle risorse allocate durante l'esecuzione.

Utilizzata per terminare il programma quando il lavoro è completato o quando si verifica un errore non critico che non richiede l'arresto immediato del programma.

```c
#include <stdio.h>
#include <stdlib.h>

int main() {
    int num;

    printf("Inserisci un numero: ");
```

```
    scanf("%d", &num);

    // Verifica se il numero inserito è negativo
    if (num < 0) {
        printf("Errore: Il numero inserito e' negativo.\n");
        exit(EXIT_FAILURE); // Termina il programma con stato di fallimento
    }

    // Se il numero è positivo, continua l'esecuzione del programma
    printf("Il numero inserito e' %d.\n", num);

    return 0;
}
```

3. quick_exit: (introdotta in C11)

Causa la terminazione normale del programma senza eseguire completamente la pulizia delle risorse allocate.

Utilizzata per terminare il programma quando si verificano condizioni di errore non critiche o per gestire le uscite rapide in applicazioni multithreading.

4. _Exit: (introdotta in C99)

Causa la terminazione normale del programma senza eseguire alcuna pulizia delle risorse allocate.

Simile a quick_exit, ma disponibile anche nelle versioni precedenti di C.

5. atexit:

Registra una funzione da chiamare al momento dell'invocazione di exit().

Utilizzata per eseguire operazioni di pulizia personalizzate o per rilasciare risorse prima della terminazione del programma.

```
#include <stdio.h>
#include <stdlib.h>

// Funzione di cleanup
void cleanup_function() {
    printf("Cleanup function called.\n");
}
```

```c
int main() {
    // Registra la funzione di cleanup per essere chiamata alla fine del programma
    if (atexit(cleanup_function) != 0) {
        fprintf(stderr, "Errore: Impossibile registrare la funzione di cleanup.\n");
        return EXIT_FAILURE;
    }

    printf("Il programma e' in esecuzione...\n");

    // Simulazione di un'attività del programma
    printf("Simulazione di un'attivita del programma...\n");

    // Alla fine del main, la funzione di cleanup registrata con atexit() verrà eseguita automaticamente
    return EXIT_SUCCESS;
}
```

6. **at_quick_exit: (introdotta in C11)**

Registra una funzione da chiamare al momento dell'invocazione di quick_exit. Simile ad atexit, ma utilizzata specificamente per le operazioni di pulizia prima di una terminazione rapida del programma.

7. **EXIT_SUCCESS e EXIT_FAILURE:**

Macro che indicano lo stato di esecuzione del programma.

- EXIT_SUCCESS indica che il programma è stato eseguito con successo.
- EXIT_FAILURE indica un fallimento nell'esecuzione del programma.

Comunicazione con l'ambiente esterno

La comunicazione con l'ambiente esterno è un aspetto fondamentale nella progettazione e nell'esecuzione di programmi informatici. In molti casi, i programmi devono interagire con il sistema operativo o con altri processi per eseguire determinate operazioni o accedere a risorse specifiche. La libreria standard del linguaggio C fornisce un insieme di funzioni utili per facilitare questa interazione, consentendo ai programmi di eseguire comandi di sistema, accedere alle variabili d'ambiente e altro ancora.

In questa sezione, esploreremo due delle principali funzioni fornite dalla libreria standard C per comunicare con l'ambiente esterno: *system()* e *getenv()*. Vedremo come utilizzare queste funzioni in modo efficace per eseguire operazioni di sistema e recuperare informazioni ambientali rilevanti per l'esecuzione del programma.

La funzione system()

La funzione *system()* consente di eseguire comandi di sistema utilizzando il processore di comandi dell'host. Questa funzione prende come argomento una stringa che rappresenta il comando da eseguire e restituisce un valore intero che rappresenta lo stato di uscita del comando.

Esempio:

```
#include <stdlib.h>
#include <stdio.h>

int main() {
    // Esegui il comando "ls" (elencare i file nella directory corrente)
    int status = system("dir");   // ls su sistemi Unix

    // Verifica lo stato di uscita del comando
    if (status == 0) {
        printf("Il comando e' stato eseguito con successo.\n");
    } else {
        printf("Si e' verificato un errore durante l'esecuzione del comando.\n");
    }

    return 0;
}
```

In questo esempio, la funzione *system()* viene utilizzata per eseguire il comando "dir" (ls su sistemi Unix) per elencare i file nella directory corrente. Il valore restituito da *system()* viene verificato per determinare se il comando è stato eseguito correttamente.

La funzione getenv()

La funzione *getenv()* consente di accedere alle variabili d'ambiente del sistema operativo. Questa funzione prende come argomento una stringa che rappresenta il nome della variabile d'ambiente e restituisce un puntatore alla stringa di valore corrispondente. Se la variabile d'ambiente non è definita, la funzione restituisce NULL.

Ecco un esempio:

```
#include <stdlib.h>
#include <stdio.h>
int main() {
    // Ottieni il valore della variabile d'ambiente "PATH"
    char *path = getenv("PATH");

    // Verifica se la variabile d'ambiente è definita
    if (path != NULL) {
        printf("Il valore della variabile d'ambiente PATH e'\n: %s\n", path);
    } else {
        printf("La variabile d'ambiente PATH non e' definita.\n");
    }

    return 0;
}
```

Gestione dei Segnali

Nella programmazione C, i segnali sono meccanismi utilizzati per notificare a un processo che si è verificato un evento. Questi eventi possono provenire da varie fonti, come un'altra parte del programma, il sistema operativo o da altri processi. La libreria standard C fornisce una serie di funzioni e macro per la gestione dei segnali, consentendo ai programmi di definire comportamenti specifici in risposta a determinati segnali.

Funzioni Principali

Le principali funzioni fornite dalla libreria *<signal.h>* per la gestione dei segnali sono:
- signal(): imposta un gestore per un segnale specifico. Questa funzione accetta due argomenti: il numero del segnale e il puntatore alla funzione che gestirà il segnale.
- raise(): esegue il gestore per un segnale specifico. Questa funzione accetta un argomento che rappresenta il numero del segnale da generare.

Tipi di Segnali

La libreria *<signal.h>* definisce una serie di macro costanti per i tipi di segnali più comuni:
- **SIGABRT**: il segnale SIGABRT è un segnale di abort, che viene inviato a un programma per indicare che si è verificata una condizione di errore grave e che il programma deve terminare immediatamente. Questo segnale è comunemente generato dalla chiamata alla funzione *abort()* nella libreria standard del C. Ecco una spiegazione più dettagliata:
  - Funzione abort(): questa funzione (già vista in precedenza) è utilizzata per terminare il programma in modo anomalo. Quando un programma chiama *abort()*, si verifica immediatamente la generazione del segnale SIGABRT. Questo è spesso usato in situazioni in cui il programma rileva un errore critico dal quale non può recuperare.
  - Generazione del segnale: quando viene chiamata la funzione *abort()*, il segnale SIGABRT viene inviato al processo stesso. Questo provoca la

terminazione immediata del programma, a meno che il segnale non sia intercettato e gestito da un gestore di segnali personalizzato.
- o Intercettazione del segnale: un programma può intercettare il segnale SIGABRT utilizzando una funzione di gestione dei segnali come *signal()* o *sigaction()*. Tuttavia, intercettare SIGABRT è raro, poiché di solito si utilizza questo segnale per terminare il programma in modo definitivo. Un gestore di segnali può comunque eseguire operazioni di pulizia, come il rilascio delle risorse allocate o la scrittura di messaggi di errore in un log, prima di terminare il programma.
- o Uso comune: *abort()* e SIGABRT sono spesso utilizzati nei casi in cui il programma entra in uno stato incoerente o pericoloso, come errori di memoria critici, violazioni di asserzioni o altre condizioni irreversibili. La chiamata alla funzione *abort()* garantisce che il programma non continui a funzionare in uno stato corrotto, evitando possibili ulteriori danni o comportamenti imprevedibili.
- o Core dump: in molti sistemi operativi, l'uso di *abort()* può generare un core dump, che è un file che cattura lo stato della memoria del programma al momento della terminazione. Questo file può essere analizzato successivamente per comprendere la causa dell'errore e facilitare il debug.
- **SIGFPE**: il segnale SIGFPE (Segnale di errore in virgola mobile) viene generato quando si verifica un errore durante un'operazione aritmetica. Questo tipo di segnale è solitamente associato a operazioni in virgola mobile, ma può riguardare anche operazioni intere. Alcune delle cause più comuni di questo segnale includono:
  - o Divisione per zero: quando un programma tenta di dividere un numero per zero, questa operazione non è definita matematicamente e genera un errore.

- Overflow aritmetico: quando il risultato di un'operazione aritmetica è troppo grande per essere rappresentato nel tipo di dato previsto, si verifica un overflow. Questo può accadere, ad esempio, durante la moltiplicazione di due numeri molto grandi.
- Underflow aritmetico: simile all'overflow, ma accade quando il risultato di un'operazione aritmetica è troppo piccolo per essere rappresentato nel tipo di dato previsto.
- Operazioni non valide: operazioni come la radice quadrata di un numero negativo (nel campo dei numeri reali) o altre operazioni matematiche che non hanno un risultato definito nel contesto dei numeri reali.

Quando si verifica uno di questi errori, il processore invia il segnale SIGFPE al programma. Questo segnale può essere intercettato dal programma stesso per gestire l'errore in modo appropriato, come mostrando un messaggio di errore all'utente o tentando di correggere l'operazione.

- **SIGILL**: il segnale SIGILL (Segnale di istruzione illegale) viene generato in situazioni dove il processore rileva un'istruzione che non è valida. Questo può accadere per diversi motivi, tra cui:
  - Istruzione non valida: il programma tenta di eseguire un'istruzione che non fa parte del set di istruzioni riconosciute dalla CPU. Questo può avvenire se il codice è corrotto o se ci sono errori nella generazione del codice eseguibile.
  - Esecuzione di dati come istruzioni: il programma tenta di eseguire dati non destinati a essere eseguiti come codice. Ad esempio, se il flusso di esecuzione del programma viene alterato e indirizzato a un'area di memoria contenente dati (e non istruzioni di programma), la CPU potrebbe tentare di eseguire quei dati, generando così un'istruzione non valida.

In entrambi i casi, il processore non è in grado di eseguire l'istruzione e invia il segnale SIGILL al programma. Questo segnale può essere utilizzato per diagnosticare problemi nel codice, come errori di programmazione o corruzione della memoria.

- **SIGINT**: Segnale di interruzione, generato da una richiesta di interruzione dall'utente, ad esempio con la combinazione di tasti CTRL+C.
- **SIGSEGV**: il segnale SIGSEGV (Segnale di violazione di segmento) è generato quando un programma tenta di accedere a una porzione di memoria che non gli è consentito utilizzare. Questo è uno degli errori più comuni nei programmi scritti in linguaggi come C e C++, dove la gestione della memoria è esplicita e soggetta a errori. Ecco una spiegazione dettagliata:

Cause comuni di SIGSEGV:

- o Dereferenziazione di puntatori nulli: tentare di accedere a un indirizzo di memoria attraverso un puntatore che è NULL (cioè, che non punta a nessuna area valida di memoria).
- o Accesso a memoria non allocata: tentare di leggere o scrivere in una porzione di memoria che non è stata allocata dal programma.
- o Accesso a memoria oltre i limiti: tentare di accedere a un array o un buffer oltre i suoi limiti definiti. Questo avviene quando si legge o si scrive oltre la capacità allocata dell'array.
- o Accesso a memoria liberata: tentare di utilizzare un puntatore che punta a memoria che è stata precedentemente liberata (deallocata).

Quando un programma genera SIGSEGV, il comportamento predefinito è la terminazione immediata del programma. Questo è necessario per prevenire ulteriori accessi non validi che potrebbero corrompere dati o causare comportamenti imprevedibili.

- **SIGTERM**: il segnale SIGTERM (Segnale di terminazione) è utilizzato per richiedere la terminazione di un processo. A differenza di alcuni segnali che indicano errori gravi o condizioni di emergenza (come SIGSEGV o SIGABRT), SIGTERM è progettato per permettere ai processi di terminare in modo controllato e pulito. Ecco una spiegazione più dettagliata:

  Generazione del segnale:
  - Comandi di shell: SIGTERM può essere inviato a un processo tramite comandi di shell come kill. Ad esempio, kill <pid> invia SIGTERM al processo con l'ID specificato (<pid>).
  - Strumenti di sistema: strumenti di gestione dei processi, come *pkill* e *killall*, utilizzano comunemente SIGTERM per richiedere la terminazione di uno o più processi.
  - API di sistema: programmi possono inviare SIGTERM ad altri processi utilizzando chiamate di sistema come *kill()* in C.

  Il comportamento predefinito di un processo che riceve SIGTERM è la terminazione immediata. Tuttavia, diversamente da SIGKILL (che forza la terminazione senza possibilità di intercettazione), SIGTERM permette al processo di intercettare il segnale e di eseguire operazioni di pulizia prima di terminare.

Macro Costanti di Gestione dei Segnali

La libreria *<signal.h>* fornisce anche alcune macro costanti per la gestione dei segnali:

- SIG_DFL: definisce la strategia di default per la gestione dei segnali.
- SIG_IGN: definisce la strategia di ignorare i segnali.
- SIG_ERR: indica che si è verificato un errore durante la gestione dei segnali.

Tipi di Dati

sig_atomic_t: è un tipo di dati intero che può essere letto e scritto come un'entità atomica da un gestore di segnali asincrono.

La gestione dei segnali è un aspetto importante nella progettazione dei programmi C: utilizzando le funzioni e le macro fornite dalla libreria standard C, è possibile definire comportamenti specifici in risposta a segnali specifici, migliorando così il controllo e la gestione del programma.

Esempio:

```c
#include <stdio.h>
#include <stdlib.h>
#include <signal.h>

// Funzione di gestione del segnale
void signal_handler(int signum) {
    switch(signum) {
        case SIGINT:
            printf("Ricevuto segnale SIGINT (Interruzione).\n");
            break;
        case SIGSEGV:
            printf("Ricevuto segnale SIGSEGV (Violazione di segmento).\n");
            break;
        case SIGFPE:
            printf("Ricevuto segnale SIGFPE (Errore in virgola mobile).\n");
            break;
        case SIGABRT:
            printf("Ricevuto segnale SIGABRT (Abort).\n");
            break;
        case SIGILL:
            printf("Ricevuto segnale SIGILL (Istruzione illegale).\n");
            break;
        case SIGTERM:
            printf("Ricevuto segnale SIGTERM (Terminazione).\n");
            break;
        default:
            printf("Ricevuto segnale sconosciuto.\n");
            break;
    }
    exit(EXIT_FAILURE);
```

```c
}
int main() {
    // Imposta i gestori per tutti i tipi di segnali
    signal(SIGINT, signal_handler);
    signal(SIGSEGV, signal_handler);
    signal(SIGFPE, signal_handler);
    signal(SIGABRT, signal_handler);
    signal(SIGILL, signal_handler);
    signal(SIGTERM, signal_handler);

    // Simula una violazione di segmento
    int *ptr = NULL;
    *ptr = 10; // Questo causerà una violazione di segmento

    return EXIT_SUCCESS;
}
```

La funzione *signal_handler()* è chiamata ogni volta che il programma riceve un segnale. Questa funzione, che può essere personalizzata a seconda delle proprie esigenze, stampa un messaggio appropriato per il segnale ricevuto e quindi esce dal programma con EXIT_FAILURE. Nella funzione *main()*, vengono impostati i gestori per tutti i tipi di segnali utilizzando la funzione *signal()*. Il codice simula una violazione di segmento, che causerà l'invocazione del gestore del segnale SIGSEGV definito nella funzione *signal_handler()*. Il programma restituisce EXIT_SUCCESS per indicare che è terminato correttamente.

Buffer Overflows e Sicurezza

Il linguaggio C, rinomato per la sua efficienza e potenza, è stato un pilastro nel mondo della programmazione per decenni. Tuttavia, insieme alla sua versatilità, il C porta con sé una serie di sfide uniche, tra cui uno dei problemi più diffusi e pericolosi: i buffer overflows.

I buffer overflows rappresentano una vulnerabilità critica nel software scritto in C, in cui l'input utente non controllato o inatteso può superare i limiti di un buffer allocato, sovrascrivendo porzioni della memoria adiacente. Questo può portare a gravi conseguenze, inclusi malfunzionamenti del programma, crash del sistema e, peggio ancora, vulnerabilità che possono essere sfruttate da attaccanti malevoli per eseguire codice dannoso sul sistema bersaglio.

In questo capitolo, esploreremo in profondità il concetto di buffer overflow nel contesto del linguaggio C e la sua rilevanza per la sicurezza informatica. Inizieremo con una panoramica dei buffer overflows, spiegando come si verificano e perché rappresentano una minaccia così significativa per la sicurezza del software.

Tuttavia, non ci limiteremo solo a identificare il problema: affronteremo anche le soluzioni. Esploreremo le migliori pratiche per scrivere codice C sicuro e resistente ai buffer overflow, discutendo le tecniche di mitigazione, l'uso di strumenti di analisi statica e dinamica e le contromisure a livello di sistema.

Infine, attraverso studi di casi ed esempi pratici, metteremo in pratica le conoscenze acquisite, mostrando come è possibile applicare efficacemente le tecniche di sicurezza per proteggere le nostre applicazioni C da questa minaccia sempre presente.

Un viaggio attraverso il mondo dei buffer overflows nel linguaggio C è tanto un'esplorazione dei pericoli che minacciano il nostro codice quanto un'opportunità per comprendere meglio i principi fondamentali della sicurezza informatica e apprendere come proteggere in modo proattivo i nostri programmi.

Introduzione ai buffer overflow

I buffer overflows rappresentano una delle vulnerabilità più pervasive e pericolose nel campo della sicurezza informatica, particolarmente rilevante nel contesto del linguaggio C. Per comprendere appieno la minaccia che i buffer overflows rappresentano, è fondamentale avere una chiara comprensione di cosa siano e come si verificano.

Cosa sono i Buffer Overflows?

In parole semplici, un buffer overflow si verifica quando i dati vengono scritti oltre i limiti di un buffer allocato in memoria. Per capire meglio questo concetto, è utile immaginare un buffer come una semplice scatola che può contenere una quantità definita di informazioni. Quando i dati vengono inseriti in questa scatola, è essenziale che non si sporgano oltre i suoi bordi, altrimenti si verifica un overflow.

Come si verificano i Buffer Overflows?

Nel contesto del linguaggio C, i buffer overflows si verificano principalmente a causa della gestione inadeguata della memoria. Quando un programma C crea un buffer, assegna un certo spazio di memoria per contenere i dati. Tuttavia, se il programma scrive dati oltre i limiti di questo spazio di memoria, sovrascrivendo altre aree di memoria adiacenti, si verifica un buffer overflow.

Per comprendere meglio questo concetto, consideriamo un semplice esempio. Supponiamo di avere un buffer di 10 byte, che può contenere una stringa di caratteri di lunghezza massima di 10. Se il programma tenta di memorizzare una stringa di 15 caratteri all'interno di questo buffer, i cinque caratteri aggiuntivi andranno oltre i limiti del buffer, sovrascrivendo altre variabili o dati memorizzati nelle posizioni successive in memoria.

Questa sovrascrittura non solo può causare il malfunzionamento del programma, ma può anche essere sfruttata da un attaccante per eseguire codice dannoso o manipolare il flusso del programma a proprio vantaggio.

La comprensione di come si verificano i buffer overflows è fondamentale per sviluppare strategie efficaci per mitigare questa vulnerabilità e proteggere le applicazioni da potenziali attacchi informatici.

Di seguito viene mostrato un esempio di codice in cui il programma va in crash a causa di un buffer overflow:

```c
#include <stdio.h>
#include <string.h>

int main() {
    char buffer[5]; // Dichiarazione di un buffer di dimensione 5
    char input[10] = "TestoLungo"; // Stringa di input più lunga del buffer

    // Copia la stringa di input nel buffer
    strcpy(buffer, input);

    // Stampa il contenuto del buffer
    printf("Contenuto del buffer: %s\n", buffer);

    return 0;
}
```

In questo esempio, abbiamo dichiarato un buffer di dimensione 5 (buffer) e una stringa di input di 10 caratteri (input). Quando la funzione *strcpy* tenta di copiare la stringa *input* nel buffer *buffer*, sovrascrive la memoria adiacente al buffer stesso, causando un buffer overflow.

Il risultato è che il programma va in crash o si comporta in modo imprevisto, poiché la memoria sovrascritta può contenere dati critici per il corretto funzionamento del programma. Questo è un esempio tipico di come un buffer overflow possa causare un malfunzionamento del programma e potenzialmente aprire la porta a vulnerabilità di sicurezza.

Meccanismi Interni

Nel contesto del linguaggio C, i buffer overflows rappresentano una vulnerabilità critica, il cui corretto inquadramento richiede una comprensione dettagliata dei meccanismi interni del linguaggio. In questa sezione, esploreremo in profondità i meccanismi interni dei buffer overflows, concentrandoci sull'allocazione di memoria e sulla gestione dei buffer.

Funzionamento dei Buffer Overflows nel linguaggio C

I buffer overflows derivano principalmente dall'allocazione e dalla gestione della memoria nel linguaggio C. Quando viene creato un buffer in C, spesso attraverso array di caratteri, il programma riserva un blocco di memoria contigua per memorizzare i dati.

Un aspetto critico è che il linguaggio C non effettua controlli di limiti sugli accessi ai buffer durante l'esecuzione del programma. Questo significa che non vi è alcuna protezione intrinseca per impedire l'accesso oltre i limiti di un buffer, a meno che il programmatore non implementi controlli espliciti. Ciò rende il linguaggio C particolarmente vulnerabile a buffer overflows, poiché anche un errore di programmazione apparentemente insignificante può portare a gravi conseguenze per la sicurezza.

Analisi delle vulnerabilità nell'allocazione di memoria e gestione dei buffer

Le vulnerabilità nei meccanismi di allocazione di memoria e di gestione dei buffer sono le principali cause dei buffer overflows. Alcuni punti critici da considerare includono:

- Mancata verifica delle dimensioni di input: molte vulnerabilità di buffer overflow derivano da una mancata verifica delle dimensioni dell'input utente prima di memorizzarlo in un buffer. Ad esempio, se un programma C utilizza la funzione *gets* per leggere una stringa dall'utente senza specificare la dimensione massima del buffer, può verificarsi un buffer overflow se l'utente inserisce una stringa più lunga del buffer.
- Utilizzo di funzioni non sicure: alcune funzioni standard del linguaggio C, come *strcpy* e *sprintf*, non eseguono controlli sulla lunghezza dei dati prima di copiarli in un buffer. Questo significa che se la lunghezza dei dati da copiare supera la dimensione del buffer di destinazione, si verificherà un buffer overflow. È preferibile utilizzare funzioni più sicure come *strncpy* e *snprintf*, che consentono di specificare la dimensione massima del buffer di destinazione.
- Gestione inconsistente dei buffer: un altro fattore critico è la gestione inconsistente dei buffer all'interno del programma. Se un programma C modifica un buffer senza tener conto delle sue dimensioni o se utilizza buffer di dimensioni variabili in modo incoerente, ciò può portare a vulnerabilità di buffer overflow.

Vediamo un esempio:

```c
#include <stdio.h>
#include <string.h>

int main(void)
{
    char buff[15]; // Dichiarazione di un buffer di dimensione 15
    int pass = 0; // Variabile per verificare la correttezza della password

    printf("\n Enter the password : \n");
```

```
    gets(buff); // Input della password (senza controllo sulla lunghezza)

    if(strcmp(buff, "thegeekstuff"))
    {
        printf ("\n Wrong Password \n"); // Stampa un messaggio di errore se la
password è sbagliata
    }
    else
    {
        printf ("\n Correct Password \n"); // Stampa un messaggio di conferma se
la password è corretta
        pass = 1; // Imposta la variabile pass a 1 per indicare che la password è
stata inserita correttamente
    }

    if(pass)
    {
        // Concede i privilegi di root all'utente se la password è stata inserita
correttamente
        printf ("\n Root privileges given to the user \n");
    }

    return 0;
}
```

Il codice sopra definito simula uno scenario in cui un programma si aspetta una password dall'utente e se la password è corretta, allora concede privilegi di root all'utente.

Eseguiamo il programma con la password corretta, ovvero 'thegeekstuff':

```
$ ./main.exe

Inserisci la password:
thegeekstuff

Password corretta

Privilegi di root concessi all'utente
```

Questo funziona come previsto. Le password corrispondono e vengono dati i privilegi di root.

Ma sai che c'è la possibilità di un buffer overflow in questo programma? La funzione *gets()* non controlla i limiti dell'array e può scrivere anche stringhe di lunghezza maggiore rispetto alla dimensione del buffer in cui viene scritta la stringa. Ora, riesci anche solo a immaginare cosa possa fare un attaccante con questo tipo di falla?

Ecco un esempio:

```
$ ./main.exe

Inserisci la password:
hhhhhhhhhhhhhhhhhhhh

Password errata

Privilegi di root concessi all'utente
```

Nell'esempio sopra, anche dopo aver inserito una password errata, il programma ha funzionato come se avessi inserito la password corretta.

C'è una logica dietro l'output sopra inserito. Quello che l'attaccante ha fatto è stato fornire un input di lunghezza maggiore rispetto a ciò che il buffer può contenere e a una particolare lunghezza di input si è verificato un buffer overflow che ha sovrascritto la memoria dell'intero 'pass'. Quindi, nonostante una password errata, il valore di 'pass' è diventato diverso da zero e quindi i privilegi di root sono stati concessi a un attaccante.

Ci sono diverse altre tecniche avanzate (come l'iniezione e l'esecuzione di codice) tramite le quali possono essere effettuati attacchi di buffer overflow, ma è sempre importante conoscere prima i concetti di base del buffer, del suo overflow e perché è dannoso.

Per evitare gli attacchi di buffer overflow, il consiglio generale dato ai programmatori è di seguire buone pratiche di programmazione. Ad esempio:

- Assicurarsi che l'audit della memoria sia fatto correttamente nel programma utilizzando utility come valgrind memcheck.
- Utilizzare *fgets()* invece di *gets()*.
- Utilizzare *strncmp()* invece di *strcmp()*, *strncpy()* invece di *strcpy()* e così via.

Vediamo come modificare il codice precedente per renderlo sicuro:

```
#include <stdio.h>
#include <string.h>

#define MAX_PASSWORD_LENGTH 15

int main(void)
{
    char buff[MAX_PASSWORD_LENGTH + 1]; // Dichiarazione di un buffer di dimensione sicura
    int pass = 0; // Variabile per verificare la correttezza della password

    printf("\n Enter the password : \n");

    if(fgets(buff, sizeof(buff), stdin) == NULL) {
        // Gestione degli errori in caso di fallimento della lettura dell'input
        printf("Error reading input\n");
        return 1;
    }

    // Rimuoviamo il carattere di nuova riga inserito da fgets
    buff[strcspn(buff, "\n")] = '\0';

    if(strcmp(buff, "thegeekstuff") == 0)
    {
        printf ("\n Correct Password \n"); // Stampa un messaggio di conferma se la password è corretta
        pass = 1; // Imposta la variabile pass a 1 per indicare che la password è stata inserita correttamente
    }
    else
    {
        printf ("\n Wrong Password \n"); // Stampa un messaggio di errore se la password è sbagliata
    }

    if(pass)
    {
```

```
        // Concede i privilegi di root all'utente se la password è stata inserita
correttamente
        printf ("\n Root privileges given to the user \n");
    }

    return 0;
}
```

Approcci per ridurre il rischio di buffer overflow in C

Scrivere codice sicuro in C è fondamentale per prevenire vulnerabilità che possono compromettere la sicurezza e la stabilità dei sistemi informatici. Ci sono diversi approcci che possono essere adottati per ridurre il rischio di buffer overflow:

- Validazione degli input:

Validare gli input dell'utente è una pratica cruciale per prevenire buffer overflow. Questo include la verifica della dimensione degli input prima di copiarli in un buffer e l'utilizzo di funzioni di input sicure che limitano la lunghezza dell'input consentito.

Esempio:

```
#include <stdio.h>
#include <string.h>

#define MAX_INPUT_LENGTH 100

int main() {
    char input[MAX_INPUT_LENGTH];

    printf("Inserisci la password: ");
    fgets(input, sizeof(input), stdin);
    input[strcspn(input, "\n")] = '\0'; // Rimuove il carattere di nuova riga

    if (strlen(input) > MAX_INPUT_LENGTH - 1) {
```

```
        printf("Input troppo lungo. La lunghezza massima consentita è %d carat-
teri.\n", MAX_INPUT_LENGTH - 1);
        return 1;
    }

    // Altri controlli e operazioni...

    return 0;
}
```

- Uso di funzioni sicure:

Sostituire le funzioni non sicure come *gets*, *strcpy* e *sprintf* con le loro controparti sicure come *fgets*, *strncpy* e *snprintf*. Le versioni sicure delle funzioni di manipolazione delle stringhe richiedono la specifica della dimensione del buffer di destinazione, prevenendo così buffer overflow.

Esempio:

```
#include <stdio.h>
#include <string.h>

#define BUFFER_SIZE 20

int main() {
    char buffer[BUFFER_SIZE];
    char input[BUFFER_SIZE];

    printf("Inserisci una stringa: ");
    fgets(input, sizeof(input), stdin);
    input[strcspn(input, "\n")] = '\0'; // Rimuove il carattere di nuova riga

    // Copia sicura di input in buffer
    strncpy(buffer, input, sizeof(buffer));
    buffer[sizeof(buffer) - 1] = '\0'; // Assicura che il buffer sia terminato correttamente

    // Altri controlli e operazioni...

    return 0;
}
```

- Gestione corretta dei buffer:

Assicurarsi di allocare memoria in modo corretto e di gestire i buffer in modo sicuro. Evitare di utilizzare buffer di dimensioni fisse quando non è possibile garantire la lunghezza degli input e preferire l'allocazione dinamica della memoria quando necessario.

Esempio:

```c
#include <stdio.h>
#include <stdlib.h>

int main() {
    int size = 0;
    char *buffer = NULL;

    printf("Inserisci la lunghezza del buffer: ");
    scanf("%d", &size);

    // Allocazione dinamica della memoria
    buffer = (char *)malloc(size * sizeof(char));
    if (buffer == NULL) {
        fprintf(stderr, "Errore durante l'allocazione di memoria.\n");
        return 1;
    }

    // Utilizzo sicuro del buffer...

    // Liberazione della memoria allocata
    free(buffer);

    return 0;
}
```

- Utilizzo di Strumenti di Analisi Statica e Dinamica

Oltre all'adozione di pratiche di sviluppo sicuro, è consigliabile utilizzare strumenti di analisi statica e dinamica per individuare e correggere potenziali vulnerabilità nel codice.

Strumenti di Analisi Statica:

Gli strumenti di analisi statica esaminano il codice sorgente senza eseguirlo e identificano potenziali problemi di sicurezza, inclusi buffer overflow. Questi strumenti possono rilevare pattern di codice sospetti e fornire suggerimenti per correggere eventuali vulnerabilità.

Vantaggi:

- Identificazione precoce dei problemi di sicurezza: gli strumenti di analisi statica possono individuare vulnerabilità nel codice prima che venga eseguito, consentendo agli sviluppatori di correggerle prima del rilascio del software.
- Automazione: possono essere integrati nel processo di build del software, consentendo un'analisi automatica del codice ad ogni modifica o compilazione.
- Scalabilità: possono essere utilizzati su grandi progetti con molteplici file sorgente, consentendo una valutazione completa della sicurezza del software.

Svantaggi:

- Falsi positivi: possono generare falsi positivi, ossia segnalazioni di problemi che in realtà non esistono. Questo può richiedere tempo per la verifica e la correzione manuale.
- Limitazioni nell'individuare problemi dinamici: questi strumenti non sono in grado di individuare problemi legati al comportamento del software durante l'esecuzione, come ad esempio l'allocazione dinamica della memoria.

Esempi di Strumenti di Analisi Statica:

- Coverity: un potente strumento di analisi statica che identifica vulnerabilità nel codice sorgente, inclusi buffer overflow, attraverso un'analisi approfondita del flusso di controllo e dei dati.

- Clang Static Analyzer: un'altra opzione popolare per l'analisi statica del codice sorgente in C, che rileva potenziali problemi di sicurezza e fornisce suggerimenti per la correzione.

Strumenti di Analisi Dinamica:

Gli strumenti di analisi dinamica eseguono il software in un ambiente controllato e monitorano il comportamento del programma durante l'esecuzione per individuare potenziali vulnerabilità, inclusi buffer overflow. Questi strumenti possono rilevare errori che si verificano solo durante l'esecuzione del programma.

Vantaggi:

- Individuazione di problemi dinamici: possono individuare problemi che si verificano solo durante l'esecuzione del programma, come ad esempio buffer overflow causati da input utente imprevisti.
- Minimizzazione dei falsi positivi: poiché gli strumenti di analisi dinamica eseguono il codice, possono ridurre il rischio di falsi positivi rispetto agli strumenti di analisi statica.

Svantaggi:

- Overhead di esecuzione: possono rallentare l'esecuzione del programma a causa dell'overhead introdotto dal monitoraggio del comportamento del software.
- Copertura limitata: possono non essere in grado di testare tutte le possibili condizioni di esecuzione del software, limitando la copertura dei test.

Esempi di Strumenti di Analisi Dinamica:

- Valgrind: un potente strumento di analisi dinamica per la ricerca di problemi di memoria, inclusi buffer overflow, nel software in esecuzione.
- AddressSanitizer (ASan): uno strumento di analisi dinamica integrato in LLVM/Clang che rileva problemi di memoria, inclusi buffer overflow e uso dopo la deallocazione, durante l'esecuzione del programma.

In conclusione, l'utilizzo combinato di strumenti di analisi statica e dinamica può fornire una migliore copertura per la individuazione e prevenzione di buffer overflow e altre vulnerabilità di sicurezza. Mentre gli strumenti di analisi statica sono utili per identificare problemi nel codice sorgente, gli strumenti di analisi dinamica sono essenziali per individuare errori che si verificano solo durante l'esecuzione del programma.

Gli Abastract Data Type (ADT)

Gli *Abstract Data Type* (ADT), o Tipi di Dati Astratti, rappresentano un concetto fondamentale nell'ambito della programmazione e della progettazione di algoritmi. In questo capitolo, approfondiremo la definizione di ADT, ne esploreremo lo scopo e la loro utilità e vedremo degli esempi di implementazione in linguaggio C.

Definizione di un ADT

In termini semplici, un *Abstract Data Type* (ADT) è un modello che descrive un insieme di dati e le operazioni che possono essere eseguite su di essi, senza specificarne l'implementazione concreta.

Gli ADT forniscono un livello di astrazione che separa il concetto dei dati dalla loro rappresentazione in memoria e dalle operazioni eseguite su di essi. Questo permette di scrivere codice più modulare, comprensibile e manutenibile, permettendo di concentrarsi sulle interazioni tra i dati piuttosto che sui dettagli tecnici dell'implementazione.

Per esempio, consideriamo un ADT come una "Coda" (Queue). L'ADT "Coda" definisce le operazioni di base come "inserisci un elemento nella coda" e "rimuovi un elemento dalla coda". L'implementazione concreta di una coda potrebbe essere basata su una struttura dati come una lista concatenata o un array circolare. Tuttavia, l'utente che utilizza l'ADT "Coda" non ha bisogno di conoscere questi dettagli di implementazione. L'utente può semplicemente utilizzare le operazioni fornite dall'ADT "Coda" senza preoccuparsi di come vengono gestiti i dati o di quale struttura dati viene utilizzata internamente.

Fondamenti della Teoria degli ADT in Linguaggio C

Questa sezione si propone di esplorare i fondamenti della teoria degli ADT, concentrandosi sui concetti di astrazione e incapsulamento, sulle interfacce e le implementazioni, nonché sui concetti fondamentali che definiscono gli ADT, inclusi le operazioni, gli invarianti e i rep invariant.

Concetti di astrazione e incapsulamento

Nel contesto del linguaggio C, l'astrazione si riferisce alla separazione dei dettagli di implementazione dai concetti di base. Ad esempio, per un ADT "Pila" in C, l'astrazione si riflette nell'offrire all'utente un'interfaccia chiara per le operazioni di inserimento e rimozione, senza la necessità di conoscere i dettagli interni della rappresentazione dei dati.

L'incapsulamento in C può essere implementato tramite l'uso di strutture e funzioni. Le strutture vengono utilizzate per raggruppare dati correlati, mentre le funzioni vengono utilizzate per definire operazioni che agiscono su tali dati.

Interfacce e Implementazioni

In C, le interfacce degli ADT sono definite attraverso file di intestazione che specificano le firme o prototipi delle funzioni disponibili per l'utilizzo dell'ADT. Queste firme sono rappresentative di un "contratto" tra il codice client e l'implementazione dell'ADT. Le implementazioni degli ADT possono essere realizzate tramite file di codice sorgente (.c) che definiscono le funzioni elencate nei file di intestazione (.h).

Quasi ADT e ADT di Prima Classe in Linguaggio C

La distinzione tra Quasi Abstract Data Type (ADT) e ADT di Prima Classe sottolinea due approcci distinti nella progettazione e nell'implementazione dei tipi di dati astratti. Entrambi i concetti mirano a fornire un'astrazione dei dati per migliorare la modularità, la manutenibilità e la sicurezza del codice, ma differiscono nel modo in cui gestiscono la visibilità e l'accesso alla struttura interna dell'ADT. Nelle sezioni successive esploreremo dettagliatamente le caratteristiche e le differenze chiave tra i due approcci.

Quasi Abstract Data Type (ADT)

Il Quasi ADT è un modello che combina alcuni aspetti di un ADT tradizionale con la visibilità parziale della struttura interna dell'ADT. In pratica, un Quasi ADT può fornire l'interfaccia dell'ADT tramite l'header file, inclusa la definizione della struttura dati, ma con alcune restrizioni sull'accesso e la manipolazione diretta dei dati. In un Quasi ADT, la struttura interna dell'ADT è definita nell'header file, consentendo al programma client di accedere direttamente ai membri della struttura dati. Vediamo un esempio di un Quasi Abstract Data Type (ADT).

Nel seguente esercizio, esploreremo l'implementazione di un Quasi Abstract Data Type (ADT) per una pila in linguaggio C. Una pila è una struttura dati fondamentale che segue il principio di LIFO (Last In, First Out), dove l'ultimo elemento inserito è il primo a essere rimosso.

L'obiettivo principale sarà quello di creare un file header (.h) e un file di implementazione (.c) che definiscono e implementano le operazioni di base per la gestione di una pila, come l'inserimento di un elemento, la rimozione di un elemento e la verifica dello stato della pila.

Inoltre, svilupperemo anche un programma client (main.c) che utilizzerà le funzioni definite nel file header per eseguire operazioni sulla pila. Questo programma client ci consentirà di testare l'implementazione dell'ADT della pila e dimostrerà come le operazioni della pila possono essere utilizzate all'interno di un'applicazione più ampia.

Seguendo questo approccio, garantiremo una chiara separazione tra l'interfaccia dell'ADT della pila, definita nel file header, e la sua implementazione, contenuta nel file di implementazione.

Senza ulteriori indugi, procediamo con la creazione del file header (.h) e del file di implementazione (.c) per l'ADT della pila, insieme al programma client (main.c) per testare le operazioni della pila.

- File stack.h

```c
// Header file: stack.h
#ifndef STACK_H
#define STACK_H

#define MAX_SIZE 100

// Definizione della struttura Stack
typedef struct {
    int items[MAX_SIZE];
    int top;
} Stack;

// Operazioni
void initialize(Stack* stack);
void push(Stack* stack, int data);
int pop(Stack* stack);
int is_empty(Stack* stack);
int is_full(Stack* stack);

#endif
```

- File stack.c:

```c
// Implementation file: stack.c
#include "stack.h"

// Inizializzazione della pila
void initialize(Stack* stack) {
    stack->top = -1;
```

```c
}

// Inserimento di un elemento nella pila
void push(Stack* stack, int data) {
    if (!is_full(stack)) {
        stack->top++;
        stack->items[stack->top] = data;
    }
}

// Rimozione di un elemento dalla pila
int pop(Stack* stack) {
    if (!is_empty(stack)) {
        int data = stack->items[stack->top];
        stack->top--;
        return data;
    }
    return -1; // Indicatore di pila vuota
}

// Verifica se la pila è vuota
int is_empty(Stack* stack) {
    return stack->top == -1;
}

// Verifica se la pila è piena
int is_full(Stack* stack) {
    return stack->top == MAX_SIZE - 1;
}
```

- File main.c

```c
#include <stdio.h>
#include "stack.h"

int main() {
    Stack my_stack;
    initialize(&my_stack);

    // Inserimento di alcuni elementi
    printf("Inserimento di alcuni elementi nella pila:\n");
    printf("Inserisco 10\n");
    push(&my_stack, 10);
    printf("Inserisco 20\n");
    push(&my_stack, 20);
    printf("Inserisco 30\n");
    push(&my_stack, 30);
```

```
        printf("Gli elementi sono stati inseriti correttamente.\n\n");

        // Stampa della pila
        printf("La pila dopo l'inserimento:\n");
        print_stack(&my_stack);
        printf("\n");

        // Verifica se la pila è vuota
        if (is_empty(&my_stack)) {
            printf("La pila e' vuota.\n");
        } else {
            printf("La pila non e' vuota.\n");
        }
        printf("\n");

        // Rimozione di un elemento dalla pila
        printf("Rimozione di un elemento dalla pila:\n");
        int removed_element = pop(&my_stack);
        if (removed_element != -1) {
            printf("Elemento rimosso: %d\n", removed_element);
        } else {
            printf("Impossibile rimuovere elemento, la pila e' vuota.\n");
        }
        printf("\n");

        // Stampa della pila dopo la rimozione
        printf("La pila dopo la rimozione:\n");
        print_stack(&my_stack);
        printf("\n");

        // Verifica della dimensione della pila
        printf("Dimensione attuale della pila: %d\n", stack_size(&my_stack));

        return 0;
}
```

L'output che si ottiene eseguendo il programma è:

```
Inserimento di alcuni elementi nella pila:
Inserisco 10
Inserisco 20
Inserisco 30
Gli elementi sono stati inseriti correttamente.

La pila dopo l'inserimento:
Contenuto della pila:
30
```

```
20
10

La pila non e' vuota.

Rimozione di un elemento dalla pila:
Elemento rimosso: 30

La pila dopo la rimozione:
Contenuto della pila:
20
10

Dimensione attuale della pila: 2
```

Abstract Data Type di Prima Classe (ADT di Prima Classe)

Contrariamente al Quasi ADT, l'ADT di Prima Classe adotta un approccio più rigoroso alla separazione dell'interfaccia dall'implementazione, rendendo completamente nascosta la struttura interna dell'ADT al di fuori del modulo che lo implementa. In pratica, un ADT di Prima Classe utilizza un puntatore per rappresentare l'ADT all'esterno, nascondendo completamente i dettagli implementativi della struttura dati.

Nell'ADT di Prima Classe, la struttura interna non è definita nell'header file; invece, solo un puntatore a un'istanza dell'ADT è dichiarato nell'header. La struttura effettiva è definita nell'implementazione del modulo, rendendo impossibile per il programma client accedere direttamente ai membri della struttura dati.

Un esempio di ADT di Prima Classe potrebbe essere una libreria che fornisce un'implementazione di una pila, dove il programma client può solo interagire con la pila utilizzando le funzioni definite per inserire, rimuovere o controllare gli elementi, senza conoscere i dettagli interni della struttura della pila.

Nell'esercizio seguente ci concentreremo sull'implementazione di un Abstract Data Type (ADT) di prima classe per un vettore dinamico in linguaggio C. Un vettore dinamico è una struttura dati che permette l'inserimento e l'accesso efficiente agli elementi, con la possibilità di espandere dinamicamente la sua capacità al crescere della dimensione dei dati.

L'obiettivo principale sarà quello di creare un file header (.h) e un file di implementazione (.c) che definiscono e implementano le operazioni di base per la gestione di un vettore dinamico, come l'inserimento di un elemento, l'accesso a un elemento specifico e il recupero della dimensione del vettore.

La caratteristica distintiva di questo esercizio sarà la separazione netta tra l'interfaccia del vettore, definita nel file header, e la sua implementazione, contenuta nel file di implementazione. A differenza dell'approccio Quasi ADT, la struttura dati del vettore non sarà definita nel file header. Questo permette di nascondere i dettagli interni della struttura e di fornire solo le firme delle funzioni per l'utilizzo del vettore.

Il file header conterrà solo le dichiarazioni delle funzioni e delle strutture dati utilizzate per operare sul vettore. Questa separazione promuove la modularità, la manutenibilità e la riusabilità del codice, consentendo una maggiore flessibilità nell'utilizzo dell'ADT del vettore in contesti diversi.

Senza ulteriori indugi, procediamo con la creazione del file header (.h) e del file di implementazione (.c) per l'ADT del vettore dinamico, insieme al programma client (main.c) per testare le operazioni del vettore.

- File vector.h

```
// Header file: vector.h
#ifndef VECTOR_H
#define VECTOR_H

// Dichiarazione del tipo ADT
```

```
typedef struct Vector Vector;

// Operazioni dell'ADT
// Creazione di un nuovo vettore
Vector* create_vector();

// Inserimento di un elemento in coda al vettore
void push_back(Vector* vector, int value);

// Accesso all'elemento in una determinata posizione
int get_element(Vector* vector, int index);

// Restituisce il numero di elementi nel vettore
int size(Vector* vector);

// Deallocazione della memoria occupata dal vettore
void destroy_vector(Vector* vector);

#endif
```

- File vector.c

```
// Implementation file: vector.c
#include <stdio.h>
#include <stdlib.h>
#include "vector.h"

struct Vector {
    int* data;
    int capacity;
    int size;
};

Vector* create_vector() {
    Vector* vector = (Vector*)malloc(sizeof(Vector));
    if (vector != NULL) {
        vector->data = NULL;
        vector->capacity = 0;
        vector->size = 0;
    }
    return vector;
}

void push_back(Vector* vector, int value) {
    if (vector->size >= vector->capacity) {
        // Espandiamo il vettore raddoppiandone la capacità
        vector->capacity = (vector->capacity == 0) ? 1 : vector->capacity * 2;
```

```c
        vector->data = (int*)realloc(vector->data, vector->capacity * sizeof(int));
    }
    vector->data[vector->size++] = value;
}

int get_element(Vector* vector, int index) {
    if (index >= 0 && index < vector->size) {
        return vector->data[index];
    }
    // Indicatore di errore, ad esempio -1
    return -1;
}

int size(Vector* vector) {
    return vector->size;
}

void destroy_vector(Vector* vector) {
    if (vector != NULL) {
        free(vector->data);
        free(vector);
    }
}
```

- File main.c

```c
#include <stdio.h>
#include "vector.h"

int main() {
    // Creazione di un nuovo vettore
    Vector* my_vector = create_vector();

    // Inserimento di alcuni elementi nel vettore
    printf("Inserimento di alcuni elementi nel vettore:\n");
    push_back(my_vector, 10);
    push_back(my_vector, 20);
    push_back(my_vector, 30);

    // Stampa degli elementi del vettore
    printf("Elementi nel vettore:\n");
    for (int i = 0; i < size(my_vector); i++) {
        printf("%d ", get_element(my_vector, i));
    }
    printf("\n");
```

```c
    // Dimensione attuale del vettore
    printf("Dimensione attuale del vettore: %d\n", size(my_vector));

    // Accesso ad un elemento specifico del vettore
    int index = 1;
    printf("Elemento alla posizione %d: %d\n", index, get_element(my_vector, index));

    // Aggiunta di un nuovo elemento in coda al vettore
    int new_element = 40;
    printf("Aggiunta di un nuovo elemento %d in coda al vettore...\n", new_element);
    push_back(my_vector, new_element);

    // Stampa degli elementi del vettore dopo l'aggiunta
    printf("Elementi nel vettore dopo l'aggiunta:\n");
    for (int i = 0; i < size(my_vector); i++) {
        printf("%d ", get_element(my_vector, i));
    }
    printf("\n");

    // Deallocazione della memoria occupata dal vettore
    destroy_vector(my_vector);

    return 0;
}
```

L'output che si ottiene eseguendo il programma è:

```
Inserimento di alcuni elementi nel vettore:
Elementi nel vettore:
10 20 30
Dimensione attuale del vettore: 3
Elemento alla posizione 1: 20
Aggiunta di un nuovo elemento 40 in coda al vettore...
Elementi nel vettore dopo l'aggiunta:
10 20 30 40
```

Le Librerie

Le librerie giocano un ruolo cruciale nello sviluppo del software, offrendo un meccanismo essenziale per la riduzione della duplicazione del codice, la promozione della modularità e la facilitazione del riutilizzo del codice. Questa sezione esplora il concetto di librerie in C sottolineando l'importanza di questi componenti nel panorama della programmazione.

Definizione e scopo delle librerie in C

Le librerie in C rappresentano raccolte di funzioni predefinite e moduli di codice che possono essere utilizzati all'interno di altri programmi. Più specificamente, una libreria è un insieme organizzato di funzioni, costanti, strutture di dati e altre risorse che affrontano specifici problemi o offrono funzionalità comuni. La loro implementazione mira a fornire un approccio modulare allo sviluppo del software, suddividendo il codice in componenti indipendenti che possono essere riutilizzati in diversi contesti.

Importanza delle librerie

- Riduzione della duplicazione del codice:

Una delle principali ragioni per l'uso di librerie è la riduzione della duplicazione del codice. Le funzioni comuni a diversi programmi possono essere implementate una sola volta all'interno di una libreria e successivamente richiamate da vari programmi. Ciò non solo risparmia tempo e sforzi nello sviluppo, ma contribuisce anche a mantenere una coerenza nel comportamento delle funzioni attraverso diverse applicazioni.

- Promozione della modularità:

Le librerie favoriscono la modularità, consentendo agli sviluppatori di organizzare il codice in moduli indipendenti e interconnessi. Questo approccio semplifica la comprensione del codice, agevolando la manutenzione e il debugging. Ogni libreria rappresenta un modulo funzionale, facilitando la costruzione di programmi complessi attraverso l'assemblaggio di componenti indipendenti.

- Riutilizzabilità del codice:

L'archiviazione di funzionalità specifiche all'interno di librerie facilita il riutilizzo del codice. Una libreria ben progettata offre una serie di funzioni utili che possono essere impiegate in diversi contesti, evitando la necessità di riscrivere il medesimo codice ogni volta che una funzionalità specifica è richiesta.

<u>Tipi di librerie</u>

- Librerie Standard (libc):

Le librerie standard, come la celebre libc in C, sono parte integrante del linguaggio stesso. Contengono funzioni di base e standard che coprono una vasta gamma di operazioni, dal controllo delle stringhe alla manipolazione di file. L'utilizzo di queste librerie è implicito nella programmazione in C, e la loro presenza semplifica notevolmente la realizzazione di molte operazioni comuni.

- Librerie personalizzate:

Gli sviluppatori hanno la possibilità di creare librerie personalizzate, adattate alle esigenze specifiche del loro progetto. Queste librerie contengono funzioni e moduli progettati per risolvere problemi particolari o implementare determinate funzionalità. L'utilizzo di librerie personalizzate favorisce la coerenza all'interno di un progetto e semplifica il riutilizzo del codice in progetti futuri.

- Librerie di terze parti:

Oltre alle librerie standard e personalizzate, esistono librerie di terze parti create da sviluppatori esterni o da organizzazioni. Queste librerie offrono funzionalità specializzate, come algoritmi di crittografia, interfacce utente avanzate, connettività di rete, e molto altro. L'uso di librerie di terze parti può accelerare lo sviluppo, poiché fornisce soluzioni preconfezionate a problemi specifici senza la necessità di riscrivere il codice da zero.

<u>Utilizzo pratico delle librerie in C</u>

Per comprendere meglio l'importanza e l'utilizzo delle librerie in C, consideriamo un esempio pratico. Supponiamo di dover sviluppare un programma che gestisce operazioni matematiche complesse. Invece di scrivere tutte le funzioni da zero, possiamo utilizzare la libreria *math.h*, parte delle librerie standard di C, che offre funzionalità matematiche avanzate come la radice quadrata, il logaritmo e le funzioni trigonometriche.

```c
#include <stdio.h>
#include <math.h>

int main() {
    double numero = 16.0;

    // Utilizzo della funzione sqrt dalla libreria math.h
    double radice_quadrata = sqrt(numero);

    printf("La radice quadrata di %lf è %lf\n", numero, radice_quadrata);

    return 0;
}
```

In questo esempio, la funzione *sqrt* della libreria *math.h* è utilizzata per calcolare la radice quadrata di un numero. Senza la libreria, saremmo costretti a implementare manualmente questa funzionalità, aumentando la complessità del nostro codice e introducendo potenziali errori.

Le librerie statiche

Le librerie statiche rappresentano un elemento chiave nella programmazione in C, offrendo numerosi vantaggi in termini di ottimizzazione del codice, riutilizzo e facilità di distribuzione. Questa sezione esplora il concetto di libreria statica, illustrando i benefici associati e fornendo un esempio pratico di creazione e utilizzo.

Definizione e concetto di libreria statica

Una libreria statica in C è un insieme di funzioni precompilate e moduli di codice che vengono incorporati direttamente nel programma durante la fase di compilazione. A differenza delle librerie dinamiche, le librerie statiche vengono legate direttamente al programma eseguibile, rendendo il codice completamente autonomo e indipendente da librerie esterne al momento dell'esecuzione (runtime).

Vantaggi delle librerie statiche

- Autonomia del programma:

Una delle caratteristiche distintive delle librerie statiche è la loro autonomia. Una volta incorporate nel programma durante la compilazione, non è necessario che il sistema operativo o l'utente finale disponga delle librerie al momento dell'esecuzione. Questo rende il programma più robusto e indipendente dall'ambiente di esecuzione.

- Maggiore efficienza:

Poiché le funzioni della libreria statica sono incorporate direttamente nel programma eseguibile, non vi è alcun overhead associato al caricamento dinamico delle librerie durante l'esecuzione. Ciò può portare a un tempo di avvio più veloce e a prestazioni più efficienti, soprattutto in contesti embedded o in sistemi con risorse limitate.

- Controllo versione:

Incorporando una libreria statica all'interno del programma, si può avere un maggiore controllo sulla versione delle librerie utilizzate. Questo è particolarmente importante in ambienti di sviluppo in cui è essenziale garantire che tutte le istanze del programma utilizzino la stessa versione delle librerie.

Creazione di una libreria statica in C

Per comprendere meglio come creare e utilizzare una libreria statica in C, consideriamo un esempio pratico. Immaginiamo di dover implementare una libreria che fornisca alcune funzioni di utilità matematica.

1. Creazione del codice della libreria:

Creiamo un file chiamato *math_utils.c* con le seguenti funzioni:

```c
// math_utils.c
#include "math_utils.h"

int somma(int a, int b) {
    return a + b;
}

int sottrazione(int a, int b) {
    return a - b;
}
```

2. Creazione del file header della Libreria:

Creiamo un file header math_utils.h che dichiara le funzioni della libreria:

```c
// math_utils.h
```

```
#ifndef MATH_UTILS_H
#define MATH_UTILS_H

int somma(int a, int b);
int sottrazione(int a, int b);

#endif
```

3. Compilazione della Libreria Statica:

Utilizziamo il compilatore per creare la libreria statica (*libmath_utils.a*):

```
$ gcc -c math_utils.c -o math_utils.o
$ ar rcs libmath_utils.a math_utils.o
```

Queste due istruzioni compilano il file sorgente *math_utils.c* in un file oggetto (*math_utils.o*) e poi utilizzano il comando *ar* (che puoi travere dentro la cartella bin se hai un installazione di Mingw sul tuo PC) per creare la libreria statica (*libmath_utils.a*).

4. Utilizzo della libreria in un programma:

Creiamo un programma (*main.c*) che utilizza la libreria statica:

```
// main.c
#include <stdio.h>
#include "math_utils.h"

int main() {
    int risultato_somma = somma(5, 3);
    int risultato_sottrazione = sottrazione(10, 4);

    printf("Somma: %d\n", risultato_somma);
    printf("Sottrazione: %d\n", risultato_sottrazione);

    return 0;
}
```

5. Compilazione del programma utilizzando la libreria statica:

Compiliamo il programma utilizzando la libreria statica:

```
$ gcc main.c -o programma_eseguibile -L. -lmath_utils
```

Nella compilazione, l'opzione -L. indica al compilatore di cercare la libreria nella directory corrente, da cui stiamo eseguendo il comando.

L'opzione -l seguita dal nome di una libreria, in questo caso, -*lmath_utils*, è un'istruzione per il compilatore che specifica di cercare e collegare la libreria indicata durante la fase di linking. Nel contesto di questa opzione:

- -l: indica che si sta specificando il nome di una libreria.
- math_utils: È il nome della libreria senza il prefisso "lib" e l'estensione del file (nel nostro caso, senza .a per una libreria statica). Questo corrisponde al nome specificato durante la compilazione della libreria statica (libmath_utils.a).

Quando compiliamo un programma che fa uso di una libreria statica, dobbiamo informare il compilatore su quale libreria cercare durante il linking. L'opzione -l facilita questo processo, consentendo al compilatore di cercare un file di libreria con il nome specificato.

Le librerie dinamiche

Le librerie dinamiche rappresentano una componente fondamentale nella programmazione in C, offrendo un approccio flessibile ed efficiente per condividere risorse di codice tra diverse applicazioni. In questa sezione, esploreremo il concetto di librerie dinamiche, evidenziando i vantaggi associati e fornendo un esempio pratico di creazione e utilizzo.

Definizione e concetto di librerie dinamica

Una libreria dinamica in C è un file di codice compilato e condiviso che può essere collegato e caricato durante l'esecuzione di un programma. A differenza delle librerie statiche, che vengono incorporate direttamente nel programma eseguibile durante la fase di compilazione, le librerie dinamiche vengono caricate dinamicamente in memoria quando il programma è in esecuzione. Questo offre una maggiore flessibilità, in quanto consente di aggiornare o sostituire la libreria senza dover ricompilare il programma principale.

<u>Vantaggi delle dibrerie dinamiche</u>

- Risparmio di spazio su disco:

Una delle principali ragioni per l'adozione di librerie dinamiche è il risparmio di spazio su disco. Poiché una libreria dinamica può essere condivisa tra più programmi, è possibile ridurre l'occupazione di spazio su disco, soprattutto quando la stessa libreria è utilizzata da più applicazioni.

- Aggiornamenti e sostituzioni facilitati:

Le librerie dinamiche consentono aggiornamenti e sostituzioni più agevoli. Se una libreria dinamica viene aggiornata, tutte le applicazioni che la utilizzano beneficeranno automaticamente delle nuove funzionalità o correzioni senza dover ricompilare o redistribuire ogni singola applicazione.

- Risorse condivise:

Le librerie dinamiche offrono un meccanismo efficiente per la condivisione di risorse tra diverse applicazioni. Questo è particolarmente utile quando più programmi necessitano delle stesse funzionalità o quando si desidera evitare la duplicazione di codice.

- Riduzione del carico di memoria:

Poiché le librerie dinamiche vengono caricate in memoria solo quando necessario, questo può contribuire a una riduzione del carico di memoria. Le risorse sono allocate solo quando richieste, ottimizzando l'uso della memoria.

Creazione di una libreria dinamica in C

Per comprendere meglio come creare e utilizzare una libreria dinamica, esaminiamo un esempio pratico.

In questa sezione vediamo un esempio per la generazione di una DLL (Dynamic Link Library) in Windows (e .so per sistemi Unix). Creeremo una semplice libreria condivisa con una funzione per calcolare la somma di due numeri interi.

Codice della libreria (somma.dll – somma.so)

```c
#include <stdio.h>

#ifdef _WIN32
#define DLL_EXPORT __declspec(dllexport)
#else
#define DLL_EXPORT
#endif

// Funzione per calcolare la somma di due numeri interi
DLL_EXPORT int somma(int a, int b) {
    return a + b;
}
```

Spiegazione

- Inclusione della libreria standard di input/output:

```c
#include <stdio.h>
```

Questo include la libreria standard di input/output (*stdio.h*), che è necessaria per utilizzare funzioni come *printf*, anche se in questo esempio specifico non viene usata.

- Definizione condizionale della macro DLL_EXPORT:

```
#ifdef _WIN32
#define DLL_EXPORT __declspec(dllexport)
#else
#define DLL_EXPORT
#endif
```

Questa parte del codice è un esempio di compilazione condizionale che utilizza il preprocessore C per definire il macro DLL_EXPORT. Vediamo cosa succede nel dettaglio:

- #ifdef _WIN32: questo controlla se è definita la macro _WIN32, che è automaticamente definitoa quando si compila il codice su un sistema operativo Windows.
- #define DLL_EXPORT __declspec(dllexport): se _WIN32 è definito (cioè se si sta compilando su Windows), DLL_EXPORT viene definito come __declspec(dllexport). Questo specificatore indica al compilatore che la funzione dovrebbe essere esportata in una DLL (Dynamic-Link Library).
- #else: se _WIN32 non è definito (cioè se si sta compilando su un altro sistema operativo, come Linux o macOS), viene eseguito il codice seguente.
- #define DLL_EXPORT: In questo caso, DLL_EXPORT viene definito come una macro vuota, poiché non è necessario specificare l'esportazione delle funzioni in DLL su sistemi non Windows.
- #endif: questo termina la direttiva condizionale #ifdef.

- Dichiarazione della funzione somma con la macro DLL_EXPORT:

```
// Funzione per calcolare la somma di due numeri interi
DLL_EXPORT int somma(int a, int b) {
    return a + b;
}
```

Questa parte del codice definisce una funzione chiamata *somma* che prende due parametri interi (a e b) e restituisce la loro somma. La funzione è preceduta dal macro DLL_EXPORT, che espande a __declspec(dllexport) su Windows (rendendo la funzione esportabile in una DLL) o a niente su altri sistemi operativi.

Compilazione della libreria:

- Windows:

```
gcc -shared -o somma.dll somma.c
```

- Linux:

```
gcc -shared -o somma.so somma.c
```

Codice del programma principale (main.c):

```c
#include <stdio.h>

#ifdef _WIN32
#include <windows.h>
#else
#include <dlfcn.h>
#endif

typedef int (*SumFunc)(int, int);

int main() {
    // Carica la DLL
    #ifdef _WIN32
        HINSTANCE hDLL = LoadLibrary("somma.dll");
    #else
        void* hDLL = dlopen("./somma.so", RTLD_LAZY);
    #endif

    if (hDLL == NULL) {
        fprintf(stderr, "Impossibile caricare la DLL\n");
        return 1;
    }

    // Ottieni il puntatore alla funzione dalla DLL
```

```c
typedef int (*SumFunc)(int, int);
SumFunc somma;

#ifdef _WIN32
    somma = (SumFunc)GetProcAddress(hDLL, "somma");
#else
    somma = (SumFunc)dlsym(hDLL, "somma");
#endif

if (somma == NULL) {
    fprintf(stderr, "Impossibile trovare la funzione somma nella DLL\n");
    return 1;
}

// Utilizza la funzione dalla DLL
int risultato = somma(3, 5);
printf("La somma di 3 e 5 e': %d\n", risultato);

// Chiudi la DLL
#ifdef _WIN32
    FreeLibrary(hDLL);
#else
    dlclose(hDLL);
#endif

    return 0;
}
```

Spiegazione

Questo esempio di codice dimostra come caricare e utilizzare dinamicamente una libreria, sia su sistemi operativi Windows che su Unix/Linux. Il processo è suddiviso in diverse fasi:

- Inclusione delle librerie appropriate: in base al sistema operativo, il codice include le librerie necessarie per gestire le operazioni di caricamento delle librerie dinamiche (windows.h per Windows e dlfcn.h per Unix/Linux).
- Definizione di un tipo di funzione: viene definito un tipo di funzione *SumFunc* che rappresenta un puntatore a una funzione che accetta due interi come

parametri e restituisce un intero. Questa definizione consente di riferirsi facilmente alla funzione *somma* all'interno della libreria dinamica.

- Caricamento della libreria dinamica: il codice utilizza *LoadLibrary* su Windows e *dlopen* su Unix/Linux per caricare la libreria dinamica contenente la funzione somma. Il nome della libreria cambia a seconda del sistema operativo: "somma.dll" per Windows e "somma.so" per Unix/Linux.

- Controllo del caricamento della libreria: dopo il tentativo di caricamento, il codice verifica se l'operazione è riuscita controllando se l'handle della libreria è NULL. In caso di fallimento, viene stampato un messaggio di errore e il programma termina.

- Ottenimento del puntatore alla funzione: una volta caricata la libreria, il codice utilizza *GetProcAddress* su Windows e *dlsym* su Unix/Linux per ottenere un puntatore alla funzione *somma*. Questo puntatore consente al programma di chiamare la funzione come se fosse una parte del codice principale.

- Controllo del puntatore alla funzione: il programma verifica se il puntatore alla funzione è NULL. Se non riesce a trovare la funzione *somma* nella libreria, viene stampato un messaggio di errore e il programma termina.

- Utilizzo della funzione: se tutto è andato a buon fine, il programma chiama la funzione *somma* con due argomenti (in questo caso, 3 e 5) e stampa il risultato.

- Chiusura della libreria: alla fine dell'uso, il programma chiude la libreria dinamica utilizzando *FreeLibrary* su Windows e *dlclose* su Unix/Linux per liberare le risorse.

Questo esempio mostra l'importanza della portabilità del codice, utilizzando direttive di preprocessore per gestire le differenze tra i due sistemi operativi. Illustra anche come le librerie dinamiche possano essere utilizzate per estendere le funzionalità di un programma senza la necessità di ricompilare l'intero codice, rendendo il software più modulare e flessibile.

Compilazione e esecuzione del programma principale

- Windows:

```
gcc -o main.exe main.c
.\main
```

- Linux:

```
gcc -o main main.c -ldl
./main
```

Ricerca della libreria dinamica a runtime

A runtime, il programma cerca la libreria dinamica specificata nel percorso di ricerca delle librerie del sistema. In Windows, ci sono diversi modi per gestire la ricerca delle librerie dinamiche. Ecco alcune opzioni comuni:

- Percorso Corrente:

Se la libreria dinamica si trova nella stessa directory del programma eseguibile, il sistema la troverà automaticamente. In questo caso, non è necessario specificare un percorso completo.

- Variabile d'Ambiente PATH (Windows):

Il sistema ricerca le librerie dinamiche nei percorsi elencati nella variabile d'ambiente PATH. Assicurati che la directory contenente la libreria sia inclusa nella variabile PATH o spostati nella directory corrente del programma durante l'esecuzione.

```
set PATH=%PATH%;<percorso_della_libreria>
```

In ambiente Unix, puoi utilizzare una variabile d'ambiente chiamata LD_LIBRARY_PATH per specificare i percorsi in cui cercare le librerie dinamiche. Ecco un esempio di come puoi aggiungere un percorso alla variabile LD_LIBRARY_PATH:

```
export LD_LIBRARY_PATH=$LD_LIBRARY_PATH:/percorso_della_libreria
```

Questo comando imposta la variabile LD_LIBRARY_PATH includendo il percorso della tua libreria dinamica. Assicurati di eseguire questo comando prima di avviare il tuo programma. Puoi farlo manualmente da una shell o includerlo in uno script di avvio del tuo programma, a seconda delle tue esigenze specifiche.

Nota: È importante notare che l'utilizzo di LD_LIBRARY_PATH è spesso considerato una soluzione temporanea e potrebbe non essere la scelta migliore per ambienti di produzione. In un ambiente di produzione, potresti considerare l'utilizzo di rpath o la copia delle librerie nella directory standard delle librerie dinamiche come /usr/lib o /usr/local/lib.

- Percorso Specificato:

Puoi specificare un percorso completo al momento del caricamento della libreria usando *LoadLibrary*:

```
HMODULE libreria = LoadLibrary("C:\\percorso_completo\\math_utils.dll");
```

Per specificare un percorso completo al momento del caricamento della libreria in ambiente Unix usando la funzione *dlopen*, puoi semplicemente fornire il percorso completo del file della libreria come argomento alla funzione. Ecco come potrebbe apparire:

```c
void *libreria = dlopen("/percorso_completo/math_utils.so", RTLD_LAZY);
```

In questo esempio, "/percorso_completo/math_utils.so" rappresenta il percorso completo del file della libreria dinamica che stai cercando di caricare. Assicurati di sostituire questo percorso con il percorso effettivo della tua libreria e di utilizzare l'estensione corretta per le librerie dinamiche su Unix (solitamente ".so").

- Ambiente di Sviluppo:

Alcuni ambienti di sviluppo consentono di specificare percorsi aggiuntivi per la ricerca delle librerie dinamiche. Ad esempio, è possibile impostare i percorsi di ricerca delle librerie in Visual Studio.

- Copiare nella System32 (o SysWOW64):

È possibile copiare la libreria nella directory di sistema System32 o SysWOW64 (per applicazioni Windows a 32 bit su sistemi a 64 bit). Tuttavia, questa pratica è generalmente sconsigliata, in quanto può causare problemi di compatibilità e non è una soluzione pulita.

La Concorrenza e Parallellismo

Nel contesto della programmazione, due concetti spesso confusi sono la "concorrenza" e il "parallellismo". Questi concetti riguardano entrambi la gestione della simultaneità delle attività all'interno di un sistema, ma differiscono nel modo in cui le attività sono effettivamente eseguite.

- **Concorrenza**: la concorrenza si riferisce alla situazione in cui due o più attività (processi o thread) avanzano simultaneamente, ma non necessariamente in contemporanea. Anche se le attività possono essere eseguite in momenti diversi o in modo intercalato, non è richiesta necessariamente la presenza di più core di CPU. In pratica, la concorrenza può essere ottenuta anche su una singola CPU attraverso tecniche di scheduling. La gestione della concorrenza è essenziale per evitare situazioni indesiderate come le "race condition" o i "deadlock", concetti che vedremo nel dettaglio.

- **Parallellismo**: il parallellismo, d'altra parte, si verifica quando due o più attività vengono effettivamente eseguite contemporaneamente, sfruttando risorse di calcolo multiple, come ad esempio più core di CPU. Il parallellismo consente un aumento effettivo delle prestazioni del sistema poiché più attività possono essere elaborate contemporaneamente.

Vediamo di seguito di spiegare meglio cosa si intende con programma, processo e thread, concetti fondamentali per comprendere i contenuti di questo capitolo.

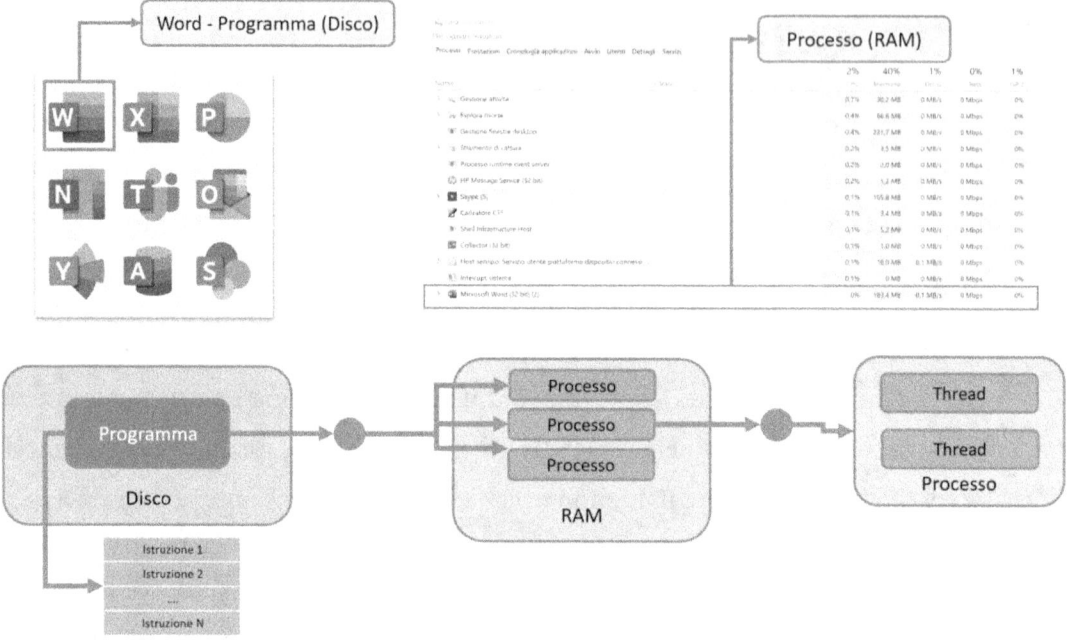

L'immagine fornita illustra chiaramente la relazione tra programmi, processi e thread, insieme alla loro gestione in memoria e sulla CPU.

+ Parte Superiore Sinistra: Programmi sul Disco

Nella parte superiore sinistra dell'immagine, vediamo diverse icone di applicazioni, che rappresentano i programmi memorizzati sul disco rigido del computer. Questi programmi sono file eseguibili (.exe) che contengono il codice binario necessario per avviare un'applicazione. Questi file risiedono sul disco finché non vengono avviati dall'utente o dal sistema.

+ Parte Superiore Destra: Processi in Esecuzione

Nella parte superiore destra, l'immagine mostra una finestra del Task Manager su un sistema operativo Windows. Quando un programma viene avviato, il sistema operativo carica il suo codice e dati necessari dalla memoria di massa (disco) nella memoria principale (RAM). A questo punto, il programma diventa un processo. Ogni processo ha un proprio spazio di indirizzamento, risorse allocate, e viene gestito separatamente dagli altri processi dal sistema operativo. Il Task Manager mostra diversi processi in esecuzione, ciascuno con il proprio consumo di CPU e memoria.

- Diagramma Inferiore: Transizione da Programma a Processo e Thread

La sezione inferiore dell'immagine fornisce un diagramma che descrive il flusso di trasformazione da programma a processo e poi a thread:

- Programma su Disco: il primo box a sinistra mostra un programma che risiede sul disco, pronto per essere eseguito. Questo è il file binario statico contenente le istruzioni del programma.
- Caricamento in RAM: quando il programma viene avviato, il sistema operativo lo carica nella RAM, trasformandolo in uno o più processi. Questo passaggio è indicato dalla freccia che collega il programma su disco ai processi in RAM. Ogni processo è un'istanza del programma in esecuzione e ha il proprio spazio di indirizzamento.
- Creazione dei Thread: ogni processo può creare uno o più thread. I thread sono unità di esecuzione all'interno di un processo e condividono lo stesso spazio di indirizzamento e risorse del processo genitore, ma possono essere eseguiti in parallelo su più core della CPU. Questo è indicato dalla freccia che porta dai processi ai thread.

Quindi, cosa si intende con processo?

Un processo è un'istanza di un programma in esecuzione su un computer. Rappresenta un'entità che contiene il codice eseguibile, le risorse necessarie (come memoria, file), lo stato di esecuzione e altre informazioni necessarie per l'esecuzione del programma. Ogni processo ha il proprio spazio di indirizzamento in memoria, il che significa che i dati e le istruzioni di un processo sono separati da quelli di altri processi. Questo isolamento aumenta la stabilità e la sicurezza del sistema operativo, poiché un errore in un processo generalmente non influenzerà direttamente gli altri processi.

I processi sono gestiti dal sistema operativo, che assegna loro risorse come tempo di CPU e memoria. Il sistema operativo utilizza un meccanismo chiamato scheduling per decidere quale processo deve essere eseguito in un dato momento, basandosi su criteri di priorità e altre politiche di gestione. Durante la loro esecuzione, i processi possono passare attraverso diversi stati come "pronto", "in esecuzione", "in attesa" e "terminato".

Cosa è un thread?

Un thread, invece, è la più piccola unità di elaborazione che può essere eseguita in un processo. Ogni thread all'interno di un processo condivide lo stesso spazio di indirizzamento e le risorse del processo (come memoria e file), ma ha un proprio contesto di esecuzione, che include un contatore di programma, un set di registri e uno stack.

L'utilizzo dei thread consente di migliorare le prestazioni di un'applicazione attraverso il multithreading, dove più thread eseguono in parallelo attività diverse all'interno dello stesso processo. Questo è particolarmente utile nelle applicazioni che devono gestire molte operazioni simultanee, come server web, giochi, e software di elaborazione dati.

Il vantaggio principale dei thread è la loro leggerezza rispetto ai processi. Creare, terminare e passare il controllo tra thread è generalmente più rapido e meno oneroso rispetto ai processi, poiché i thread condividono molte risorse e non richiedono il passaggio completo del contesto. Tuttavia, poiché i thread condividono lo stesso spazio di indirizzamento, devono gestire problemi di sincronizzazione per evitare conflitti e garantire l'integrità dei dati.

Ora, tornando alla programmazione in C, la libreria di supporto offre strumenti e tecniche per gestire efficacemente sia la concorrenza che, quando possibile, il parallellismo. Tra le funzionalità principali di questa libreria ci sono il supporto per i thread, le operazioni atomiche, l'esclusione mutua, le variabili di condizione e gli spazi di memorizzazione specifici per i thread.

Nel corso di questo capitolo esploreremo in dettaglio ciascuna di queste funzionalità, illustrando le loro caratteristiche, modalità di utilizzo e pratiche consigliate per integrarle nei progetti in modo efficiente e affidabile, sia in scenari di concorrenza che di parallellismo.

Raccomandazione: scelta della libreria per la gestione dei threads

Nel corso della tuo percorso come programmatore in linguaggio C, potresti trovarti a dover gestire i threads per implementare la concorrenza nel tuo codice. È importante notare che il compilatore che stai utilizzando potrebbe non supportare nativamente le funzionalità per la gestione dei threads. In tal caso, potresti dover utilizzare una libreria esterna come *pthread* per implementare le tue operazioni concorrenti.

È fondamentale considerare la distinzione tra *pthread* e la libreria *<threads.h>* introdotta nello standard C11: *pthread* è una libreria standard utilizzata per la programmazione concorrente su sistemi basati su UNIX e POSIX, mentre *<threads.h>* è specifica per il linguaggio C e offre un'interfaccia simile ma potrebbe non essere supportata da tutti i compilatori e sistemi operativi.

Se il compilatore che stai utilizzando non supporta *<threads.h>* o se desideri garantire una maggiore portabilità del codice, ti consiglio di utilizzare *pthread*.

Questa libreria è ampiamente supportata e offre una vasta gamma di funzionalità per la gestione dei threads su sistemi UNIX e UNIX-like.

Ricorda sempre di verificare la documentazione del tuo compilatore e le specifiche del sistema operativo di destinazione per assicurarti di utilizzare la libreria più adatta alle tue esigenze e alla piattaforma di destinazione.

Threads in C: concetti fondamentali e funzionalità

Un thread, come già accennato in precedenza, rappresenta la più piccola unità di elaborazione che può essere eseguita da un sistema operativo. In altre parole, è un singolo flusso di esecuzione all'interno di un processo. Un processo, che è un programma in esecuzione, può contenere uno o più thread, ciascuno dei quali esegue un'operazione specifica.

Caratteristiche principali di un thread

- Condivisione delle risorse: i thread all'interno dello stesso processo condividono le risorse di quest'ultimo, come la memoria e i file aperti. Questo rende la comunicazione tra i thread più efficiente rispetto alla comunicazione tra processi distinti, che richiedono meccanismi di comunicazione inter-processo (IPC).
- Parallelismo: i thread possono essere utilizzati per eseguire operazioni in parallelo, migliorando l'efficienza e le prestazioni di un programma. Ad esempio, in un'applicazione che esegue calcoli complessi, un thread può essere dedicato ai calcoli mentre un altro gestisce l'interfaccia utente.

- Leggerezza: i thread sono generalmente meno "pesanti" rispetto ai processi. Creare un nuovo thread richiede meno tempo e meno risorse rispetto alla creazione di un nuovo processo.
- Contesto di esecuzione: ogni thread mantiene il proprio contesto di esecuzione, che include il contatore del programma, i registri e lo stack. Questo permette a ogni thread di operare indipendentemente dagli altri, nonostante la condivisione delle risorse del processo.

Utilizzo dei thread

I thread vengono utilizzati in una varietà di scenari, inclusi ma non limitati a:

- Applicazioni multi-threading: applicazioni complesse come i server web o i giochi spesso utilizzano thread per gestire simultaneamente molteplici operazioni, come il rendering grafico, la gestione delle richieste degli utenti e l'elaborazione dei dati.
- Prestazioni: per migliorare le prestazioni, specialmente in sistemi con CPU multi-core, i thread possono eseguire calcoli in parallelo.
- Reattività: in applicazioni con interfacce utente, i thread possono essere utilizzati per mantenere l'applicazione reattiva. Ad esempio, un thread può gestire l'interfaccia utente mentre altri thread eseguono operazioni in background come il caricamento di dati o la comunicazione di rete.

Considerazioni sui thread

L'uso dei thread introduce anche alcune sfide, come la gestione della concorrenza e delle condizioni di gara. Quando più thread accedono e modificano le stesse risorse condivise, possono verificarsi problemi di sincronizzazione, che necessitano di meccanismi di controllo come i lock, i semafori e le variabili di condizione per garantire che i thread operino in modo corretto e sicuro.

Introduzione alla libreria Pthread

Nel ligguaggio C, la libreria *pthread* offre un insieme di funzionalità potenti e flessibili per la gestione dei thread, consentendo la creazione, sincronizzazione e terminazione di thread in modo efficiente. Questa introduzione fornirà una panoramica dettagliata degli elementi chiave di questa libreria, spiegando come utilizzarli per implementare l'esecuzione concorrente in un programma C.

- **pthread_t: Identificare un thread**

Il tipo di dato *pthread_t* è utilizzato per identificare un thread all'interno di un programma. Rappresenta un oggetto completo definito dall'implementazione e viene utilizzato in varie funzioni della libreria per gestire i thread.

- **Creazione di un thread: pthread_create**

La funzione *pthread_create* è fondamentale per avviare un nuovo thread. Questa funzione accetta come argomenti un puntatore a una variabile *pthread_t*, che conterrà l'identificatore del thread creato, e un puntatore a una funzione che rappresenta il punto di ingresso del nuovo thread. La funzione di ingresso deve avere la firma *void*(*)(void*)*.

- **Confronto tra identificatori di thread: pthread_equal**

La funzione *pthread_equal* permette di verificare se due identificatori di thread si riferiscono allo stesso thread. Restituisce un valore diverso da zero se i due identificatori sono uguali, altrimenti restituisce zero.

- **Ottenere l'identificatore del thread corrente: pthread_self**

La funzione *pthread_self* restituisce l'identificatore del thread corrente, utile per eseguire operazioni specifiche su di esso.

- **Sospensione dell'esecuzione del thread: sleep**

La funzione *sleep* sospende l'esecuzione del thread chiamante per un periodo di tempo specificato come argomento. È utile per controllare il tempo all'interno dei thread.

- **Yield del time slice: sched_yield**

La funzione *sched_yield* cede il time slice corrente del thread chiamante, consentendo ad altri thread di eseguire. Questa funzione è particolarmente utile quando si desidera ottimizzare l'utilizzo della CPU e migliorare la gestione dei thread.

Ma cos'è un Time Slice?

Un time slice (frazione di tempo) è l'intervallo di tempo assegnato dal sistema operativo a ciascun thread (o processo) per eseguire le proprie istruzioni. Il sistema operativo utilizza un algoritmo di scheduling per distribuire i time slice tra i vari thread, assicurando che tutti i thread abbiano la possibilità di essere eseguiti.

Funzionamento di sched_yield

Quando un thread chiama la funzione *sched_yield*, esso cede volontariamente il restante del suo time slice corrente. Questo significa che il thread rinuncia al tempo di CPU che gli era stato assegnato, permettendo ad altri thread pronti per l'esecuzione di utilizzare la CPU.
L'idea alla base di *sched_yield* è che un thread potrebbe trovarsi in una situazione in cui non ha altre operazioni critiche da eseguire immediatamente o potrebbe essere in attesa di qualche risorsa che non è ancora disponibile. In tali casi, invece di continuare a consumare il proprio time slice facendo niente di utile, il thread può chiamare *sched_yield* per permettere ad altri thread di proseguire il loro lavoro.

Utilizzi di sched_yield

1. Ottimizzazione delle prestazioni: se un thread sta eseguendo un'operazione di polling su una risorsa (ad esempio, attendendo che un flag venga impostato), chiamare *sched_yield* può permettere ad altri thread di proseguire il loro lavoro mentre il thread chiamante attende. Questo evita il consumo inutile della CPU.
2. Gestione della concorrenza: in situazioni in cui i thread collaborano strettamente, *sched_yield* può essere utilizzato per migliorare la cooperazione tra i thread. Ad esempio, in un sistema di produttore-consumatore, un produttore potrebbe chiamare *sched_yield* dopo aver inserito un elemento in un buffer, permettendo immediatamente al consumatore di processare l'elemento.
3. Riduzione delle attese inutili: quando un thread si rende conto di dover aspettare (ad esempio, attende un lock che è detenuto da un altro thread), può chiamare sched_yield per ridurre l'attesa attiva (busy waiting) e cedere la CPU ad altri thread che potrebbero fare un uso più produttivo del tempo di CPU.

- **Terminazione di un thread: pthread_exit**

La funzione *pthread_exit* termina il thread, liberando le risorse associate e restituendo il controllo al thread chiamante.

- **Distacco di un thread: pthread_detach**

La funzione *pthread_detach* distacca un thread, permettendo al sistema di liberare automaticamente le risorse associate alla sua terminazione. Quando un thread è distaccato, non è necessario attendere la sua terminazione usando *pthread_join*.

- **Blocco fino alla terminazione di un thread: pthread_join**

La funzione *pthread_join* blocca il thread chiamante fino alla terminazione del thread specificato. Questo è utile per coordinare l'esecuzione dei thread e assicurarsi che le operazioni siano completate correttamente.

- **Costanti e tipi ausiliari**

La libreria pthread include varie costanti per indicare lo stato dei thread, come *PTHREAD_SUCCESS*, *PTHREAD_TIMEDOUT*, *PTHREAD_BUSY*, *PTHREAD_NOMEM*, e *PTHREAD_ERROR*, utilizzate per gestire eventuali problemi durante l'uso delle funzioni dei thread. Inoltre, il tipo *pthread_start_t* rappresenta un puntatore a una funzione con la firma *void*(*)(void*)*, usato per specificare il punto di ingresso del thread nella funzione *pthread_create*.

Esempio 1

In questo esempio, creeremo un semplice programma in C che utilizzerà la libreria *pthread* per creare un nuovo thread. Il thread creato stamperà un messaggio di saluto mentre il thread principale (main) attende che il thread creato termini la sua esecuzione.

```c
#include <stdio.h>
#include <stdlib.h>
#include <pthread.h>

// Funzione di punto di ingresso del nuovo thread
void *thread_function(void *arg) {
    printf("Thread creato: Ciao dal nuovo thread!\n");
    pthread_exit(NULL);
}

int main() {
    pthread_t thread_id; // Dichiarazione della variabile che conterrà l'identificatore del thread creato

    // Creazione del nuovo thread con pthread_create
    if (pthread_create(&thread_id, NULL, thread_function, NULL)) {
        fprintf(stderr, "Errore durante la creazione del thread\n");
        return 1;
    }

    printf("Thread principale: Thread creato con successo\n");

    // Attendiamo la terminazione del nuovo thread
    if (pthread_join(thread_id, NULL)) {
```

```
        fprintf(stderr, "Errore durante l'attesa del thread\n");
        return 1;
    }

    printf("Thread principale: Thread terminato correttamente\n");

    return 0;
}
```

Output:

```
Thread principale: Thread creato con successo
Thread creato: Ciao dal nuovo thread!
Thread principale: Thread terminato correttamente
```

Esempio 2

In questo esempio, creiamo due nuovi thread utilizzando *pthread_create* e otteniamo i loro identificatori (*thread_id1* e *thread_id2*). Utilizziamo quindi la funzione *pthread_equal* per confrontare questi due identificatori di thread. Se i due identificatori sono uguali, stampiamo un messaggio che indica che sono uguali; altrimenti, stampiamo un messaggio che indica che sono diversi.

```
#include <stdio.h>
#include <stdlib.h>
#include <pthread.h>
#include <unistd.h>

// Funzione di punto di ingresso del nuovo thread
void *thread_function(void *arg) {
    pthread_t thread_id = pthread_self(); // Otteniamo l'ID del thread corrente
    printf("Thread %lu: Ciao dal nuovo thread!\n", thread_id);
    pthread_exit(NULL);
}

int main() {
    pthread_t thread_id1, thread_id2; // Dichiarazione delle variabili che conterranno gli identificatori dei thread creati

    // Creazione dei due nuovi thread con pthread_create
```

```
    if (pthread_create(&thread_id1, NULL, thread_function, NULL) || pthread_cre-
ate(&thread_id2, NULL, thread_function, NULL)) {
        fprintf(stderr, "Errore durante la creazione dei thread\n");
        return 1;
    }

    printf("Thread principale: Thread creati con successo\n");

    // Confronto tra identificatori di thread utilizzando pthread_equal
    if (pthread_equal(thread_id1, thread_id2)) {
        printf("Thread principale: identificatori di thread uguali\n");
    } else {
        printf("Thread principale: identificatori di thread diversi\n");
    }

    // Attendiamo la terminazione dei due thread creati
    if (pthread_join(thread_id1, NULL) || pthread_join(thread_id2, NULL)) {
        fprintf(stderr, "Errore durante l'attesa dei thread\n");
        return 1;
    }

    printf("Thread principale: Thread terminati correttamente\n");

    return 0;
}
```

Output:

```
Thread principale: Thread creati con successo
Thread principale: identificatori di thread diversi
Thread 2: Ciao dal nuovo thread!
Thread 1: Ciao dal nuovo thread!
Thread principale: Thread terminati correttamente
```

Esempio 3

In questo esempio creiamo un programma che utilizza la funzione *pthread_self* per ottenere l'ID del thread corrente e la funzione *sched_yield* per consentire ad altri thread di eseguire. In questo esempio, due thread stamperanno un messaggio a turno, e utilizzeremo *sched_yield* per consentire un'interruzione nella sequenza di esecuzione dei thread.

```c
#include <stdio.h>
#include <stdlib.h>
#include <pthread.h>
#include <unistd.h>

#define NUM_THREADS 2

// Funzione di punto di ingresso del nuovo thread
void *thread_function(void *arg) {
    int *thread_num = (int *)arg; // Numero del thread
    pthread_t thread_id = pthread_self(); // Otteniamo l'ID del thread corrente

    // Stampa un messaggio a turno per ciascun thread
    for (int i = 0; i < 5; i++) {
        printf("Thread %d (ID %lu): Messaggio %d\n", *thread_num, thread_id, i+1);
        sched_yield(); // Cede il time slice al thread successivo
        sleep(1); // Aggiungiamo una breve pausa per rendere l'esempio più chiaro
    }

    pthread_exit(NULL);
}

int main() {
    pthread_t threads[NUM_THREADS]; // Array per gli identificatori dei thread
    int thread_numbers[NUM_THREADS]; // Array per i numeri dei thread

    // Creazione dei due nuovi thread con pthread_create
    for (int i = 0; i < NUM_THREADS; i++) {
        thread_numbers[i] = i + 1;
        if (pthread_create(&threads[i], NULL, thread_function, &thread_numbers[i])) {
            fprintf(stderr, "Errore durante la creazione dei thread\n");
            return 1;
        }
    }

    // Attendiamo la terminazione dei due thread creati
    for (int i = 0; i < NUM_THREADS; i++) {
        if (pthread_join(threads[i], NULL)) {
            fprintf(stderr, "Errore durante l'attesa dei thread\n");
            return 1;
        }
    }

    printf("Thread principale: Thread terminati correttamente\n");
```

```
    return 0;
}
```

Output:

```
Thread 1 (ID 1): Messaggio 1
Thread 2 (ID 2): Messaggio 1
Thread 2 (ID 2): Messaggio 2
Thread 1 (ID 1): Messaggio 2
Thread 2 (ID 2): Messaggio 3
Thread 1 (ID 1): Messaggio 3
Thread 1 (ID 1): Messaggio 4
Thread 2 (ID 2): Messaggio 4
Thread 1 (ID 1): Messaggio 5
Thread 2 (ID 2): Messaggio 5
Thread principale: Thread terminati correttamente
```

Operazioni atomiche

Nel contesto della programmazione concorrente, un'operazione atomica è un'operazione che viene eseguita in modo indivisibile, cioè in una sola volta, senza possibilità di essere interrotta o interferita da altre operazioni concorrenti. In altre parole, un'operazione atomica è garantita di essere eseguita completamente o non eseguita affatto, senza mai lasciare lo stato dell'oggetto coinvolti in uno stato inconsistente.

Le operazioni atomiche sono fondamentali per garantire la correttezza dei programmi concorrenti, dove più thread possono accedere e manipolare le stesse risorse condivise contemporaneamente. Senza operazioni atomiche, ci sarebbe il rischio di *race condition*, *deadlock* e altri problemi legati alla concorrenza, che possono portare a comportamenti imprevisti e non deterministici del programma.

Le operazioni atomiche possono coinvolgere variabili, strutture dati o altre risorse condivise, e vengono spesso utilizzate per eseguire operazioni come lettura, scrittura, aggiornamento di valori, incremento, decremento e altre operazioni di manipolazione dei dati. Queste operazioni sono implementate a livello di hardware o tramite meccanismi di sincronizzazione forniti dalle librerie o dai sistemi operativi.

Le moderne architetture hardware forniscono supporto per alcune operazioni atomiche direttamente a livello di istruzioni macchina, garantendo l'atomicità delle operazioni eseguite su variabili primitive. Inoltre, le librerie di programmazione concorrente, come la libreria *pthread* in C, forniscono API per eseguire operazioni atomiche su variabili e strutture dati più complesse.

Oggetti atomici e operazioni lock free

Cos'è un Oggetto Atomico?

Un oggetto atomico è una variabile o un tipo di dato che supporta operazioni atomiche. Un'operazione è definita atomica se viene eseguita completamente senza essere interrotta. Questo significa che, una volta iniziata, l'operazione viene portata a termine senza interferenze da parte di altri thread o processi.

Perché sono importanti gli oggetti atomici?

In un ambiente multi-thread, più thread possono cercare di accedere e modificare la stessa variabile contemporaneamente. Se queste operazioni non sono gestite correttamente, possono verificarsi condizioni di gara (race conditions), dove il risultato delle operazioni dipende dall'ordine in cui vengono eseguiti i thread, portando a errori difficili da individuare e correggere.

Gli oggetti atomici risolvono questo problema assicurando che le operazioni di lettura, scrittura o modifica su di essi siano eseguite completamente senza interruzioni. Questo aiuta a mantenere i dati coerenti e corretti anche quando vengono acceduti da più thread simultaneamente.

Cosa significa "Lock-Free"?

Un oggetto atomico è definito lock-free quando le operazioni su di esso possono essere eseguite senza utilizzare meccanismi di blocco (locking), come mutex o semafori, concetti che vedremo in seguito. In altre parole, le operazioni atomiche su un oggetto lock-free non richiedono di bloccare altri thread o aspettare che un altro thread liberi una risorsa. Questo è possibile grazie a speciali meccanismi hardware o software.

Come funzionano le operazioni lock-free?

Le operazioni lock-free utilizzano istruzioni speciali fornite dall'hardware del processore, come le operazioni di confronto e scambio (compare-and-swap). Queste istruzioni permettono di controllare e aggiornare una variabile in modo sicuro, senza bisogno di blocchi.

Ad esempio, supponiamo di avere una variabile *contatore* condivisa tra più thread. Con un'operazione lock-free, un thread potrebbe incrementare il contatore solo se nessun altro thread lo ha modificato nel frattempo. Se un altro thread lo ha modificato, l'operazione viene ripetuta finché non riesce a completarsi senza interferenze.

Vantaggi degli oggetti lock-free

- Maggiore scalabilità: gli oggetti lock-free migliorano la scalabilità delle applicazioni concorrenti, poiché non vi è bisogno di attendere che altri thread rilascino dei lock.
- Prestazioni migliorate: riducendo l'overhead associato alla gestione dei lock, le operazioni lock-free possono eseguire più velocemente.

- Evitare deadlock: gli oggetti lock-free aiutano a evitare il deadlock, una situazione in cui due o più thread si bloccano a vicenda aspettando indefinitamente l'accesso a delle risorse.

Limitazioni degli oggetti lock-free

Non tutti gli oggetti atomici possono essere implementati in modo lock-free, specialmente su architetture hardware meno avanzate. In alcuni casi, potrebbe essere necessario utilizzare meccanismi di locking per garantire la correttezza delle operazioni atomiche.

Verifica di un oggetto lock-lree

Per verificare se un oggetto atomico è lock-free, si può utilizzare la funzione *atomic_is_lock_free* fornita dalla libreria standard C.

Vediamo un esempio.

Nel codice che segue viene dichiarato un oggetto atomico di tipo *atomic_int* e viene utilizzata la funzione *atomic_is_lock_free* per verificare se le operazioni su questo oggetto sono lock-free.

```
#include <stdio.h>
#include <stdatomic.h>

int main() {
    atomic_int my_atomic_int;
    atomic_flag my_atomic_flag;

    // Verifica se l'oggetto atomico per interi è lock-free
    if (atomic_is_lock_free(&my_atomic_int)) {
        printf("L'oggetto atomico per interi è lock-free.\n");
    } else {
        printf("L'oggetto atomico per interi non è lock-free.\n");
    }

    // Verifica se l'oggetto atomico per flag è lock-free
    if (atomic_is_lock_free(&my_atomic_flag)) {
```

```
        printf("L'oggetto atomico per flag è lock-free.\n");
    } else {
        printf("L'oggetto atomico per flag non è lock-free.\n");
    }

    return 0;
}
```

Output:

```
L'oggetto atomico per interi e' lock-free.
L'oggetto atomico per flag e' lock-free.
```

Funzioni e macro per le operazioni atomiche

- **atomic_is_lock_free**: indica se l'oggetto atomico è lock-free.
- **atomic_store**, **atomic_store_explicit**: memorizza un valore in un oggetto atomico.
- **atomic_load**, **atomic_load_explicit**: legge un valore da un oggetto atomico.
- **atomic_exchange**, **atomic_exchange_explicit**: Scambia un valore con il valore di un oggetto atomico.
- **atomic_compare_exchange_strong, atomic_compare_exchange_strong_explicit, atomic_compare_exchange_weak, atomic_compare_exchange_weak_explicit**: scambia un valore con un oggetto atomico se il vecchio valore è quello previsto, altrimenti legge il vecchio valore.
- **atomic_fetch_add, atomic_fetch_add_explicit**: aggiunge atomicamente un valore.
- **atomic_fetch_sub, atomic_fetch_sub_explicit**: sottrae atomicamente un valore.

- **atomic_fetch_or, atomic_fetch_or_explicit**: operazione di bitwise OR atomico.
- **atomic_fetch_xor, atomic_fetch_xor_explicit**: operazione di bitwise XOR atomico.
- **atomic_fetch_and, atomic_fetch_and_explicit**: operazione di bitwise AND atomico.

Le funzioni che terminano con _explicit accettano un parametro aggiuntivo che specifica l'ordine di memoria. Questo parametro consente di controllare come le operazioni di memoria possono essere riordinate dal compilatore o dall'hardware per ottimizzare le prestazioni, garantendo al contempo che le operazioni siano eseguite in modo sicuro e coerente. Vedremo in una sezione dedicata i principali ordini di memoria comunemente utilizzati.

Esempio:

Ecco un esempio completo che include diverse operazioni atomiche:

```c
#include <stdio.h>
#include <stdatomic.h>
#include <pthread.h>

// Variabile atomica condivisa
atomic_int shared_variable = ATOMIC_VAR_INIT(0);

// Funzione eseguita dai thread
void *thread_function(void *arg) {
    int thread_id = *(int *)arg;

    // Memorizza il valore nell'oggetto atomico
    atomic_store(&shared_variable, thread_id);

    // Legge il valore dall'oggetto atomico
    int value = atomic_load(&shared_variable);
    printf("Thread %d - Valore letto dall'oggetto atomico: %d\n", thread_id, value);
```

```c
    // Scambia il valore con un nuovo valore
    int old_value = atomic_exchange(&shared_variable, 100 + thread_id);
    printf("Thread %d - Valore scambiato con l'oggetto atomico: %d\n",
thread_id, old_value);

    // Esegui un'operazione di confronto e scambio forte
    int expected_value = thread_id;
    int new_value = 200 + thread_id;
    atomic_compare_exchange_strong(&shared_variable, &expected_value,
new_value);
    printf("Thread %d - Valore dopo confronto e scambio forte: %d\n", thread_id,
atomic_load(&shared_variable));

    // Incrementa atomicamente il valore
    atomic_fetch_add(&shared_variable, 10);
    printf("Thread %d - Valore dopo l'incremento: %d\n", thread_id,
atomic_load(&shared_variable));

    // Sottrae atomicamente il valore
    atomic_fetch_sub(&shared_variable, 5);
    printf("Thread %d - Valore dopo la sottrazione: %d\n", thread_id,
atomic_load(&shared_variable));

    // Operazione di bitwise OR atomico
    atomic_fetch_or(&shared_variable, 0x0F);
    printf("Thread %d - Valore dopo l'operazione di bitwise OR: %d\n",
thread_id, atomic_load(&shared_variable));

    // Operazione di bitwise XOR atomico
    atomic_fetch_xor(&shared_variable, 0x0F);
    printf("Thread %d - Valore dopo l'operazione di bitwise XOR: %d\n",
thread_id, atomic_load(&shared_variable));

    // Operazione di bitwise AND atomico
    atomic_fetch_and(&shared_variable, 0xFF);
    printf("Thread %d - Valore dopo l'operazione di bitwise AND: %d\n",
thread_id, atomic_load(&shared_variable));

    pthread_exit(NULL);
}

int main() {
    pthread_t threads[2];
    int thread_ids[2] = {1, 2};

    // Creazione dei thread
    for (int i = 0; i < 2; i++) {
```

```
            if (pthread_create(&threads[i], NULL, thread_function, &thread_ids[i]))
{
            fprintf(stderr, "Errore durante la creazione del thread\n");
            return 1;
        }
    }

    // Attendi la terminazione dei thread
    for (int i = 0; i < 2; i++) {
        if (pthread_join(threads[i], NULL)) {
            fprintf(stderr, "Errore durante l'attesa del thread\n");
            return 1;
        }
    }

    // Stampa il valore finale della variabile condivisa
    printf("Valore finale della variabile condivisa: %d\n", atomic_load(&shared_variable));

    return 0;
}
```

Output:

```
Thread 1 - Valore letto dall'oggetto atomico: 1
Thread 1 - Valore scambiato con l'oggetto atomico: 2
Thread 1 - Valore dopo confronto e scambio forte: 101
Thread 1 - Valore dopo l'incremento: 111
Thread 1 - Valore dopo la sottrazione: 106
Thread 1 - Valore dopo l'operazione di bitwise OR: 111
Thread 1 - Valore dopo l'operazione di bitwise XOR: 96
Thread 1 - Valore dopo l'operazione di bitwise AND: 96
Thread 2 - Valore letto dall'oggetto atomico: 2
Thread 2 - Valore scambiato con l'oggetto atomico: 96
Thread 2 - Valore dopo confronto e scambio forte: 102
Thread 2 - Valore dopo l'incremento: 112
Thread 2 - Valore dopo la sottrazione: 107
Thread 2 - Valore dopo l'operazione di bitwise OR: 111
Thread 2 - Valore dopo l'operazione di bitwise XOR: 96
Thread 2 - Valore dopo l'operazione di bitwise AND: 96
Valore finale della variabile condivisa: 96
```

Mutex (Mutua esclusione)

La mutua esclusione, spesso abbreviata come *mutex*, è un concetto fondamentale nella programmazione concorrente finalizzato a impedire che più thread accedano contemporaneamente a una risorsa condivisa. Questo concetto è cruciale per garantire la coerenza dei dati e prevenire le condizioni di gara (race conditions), in cui l'esito delle operazioni concorrenti dipende dal momento specifico della loro esecuzione.

In linguaggio C, la mutua esclusione è tipicamente implementata utilizzando i mutex, che sono primitive di sincronizzazione fornite dalla libreria dei thread. Un mutex agisce essenzialmente come un guardiano, consentendo solo a un thread alla volta di entrare in una sezione critica del codice protetta dal mutex.

Ecco una panoramica delle principali funzioni e concetti relativi alla mutua esclusione in C11:

Inizializzazione del Mutex

La libreria *pthread* offre la funzione *pthread_mutex_init* per inizializzare un mutex. Questa funzione crea un oggetto mutex identificato dal tipo *pthread_mutex_t*, rendendolo pronto per l'uso nel controllo dell'accesso concorrente alle risorse condivise.

```
pthread_mutex_t mutex; // Dichiarazione del mutex
pthread_mutex_init(&mutex, NULL); // Inizializzazione del mutex
```

Bloccaggio e Sbloccaggio dei Mutex

- *pthread_mutex_lock*: questa funzione blocca il thread chiamante fino a quando non acquisisce con successo il blocco per il mutex specificato. Una volta acquisito, il thread può procedere ad eseguire la sezione critica del codice protetta dal mutex.

- *pthread_mutex_trylock*: questa funzione tenta di acquisire il blocco per il mutex specificato. Se il mutex è disponibile, lo acquisisce immediatamente e restituisce, consentendo al thread di procedere. Se il mutex è già bloccato, questa funzione ritorna senza bloccare, indicando che l'acquisizione del blocco è fallita.
- *pthread_mutex_timedlock*: simile a *pthread_mutex_lock*, ma con un parametro di timeout aggiuntivo. Questa funzione blocca il thread chiamante fino a quando non acquisisce con successo il blocco per il mutex specificato o fino a quando non scade il periodo di timeout specificato. Se il timeout si verifica prima che il blocco venga acquisito, la funzione ritorna con uno stato di errore.
- *pthread_mutex_unlock*: questa funzione rilascia il blocco detenuto dal thread chiamante sul mutex specificato, consentendo ad altri thread di acquisire il blocco e accedere alla risorsa protetta. È importante sbloccare i mutex quando non sono più necessari per evitare situazioni di stallo.

```
pthread_mutex_lock(&mutex); // Bloccaggio del mutex
// Sezione critica protetta
pthread_mutex_unlock(&mutex); // Sbloccaggio del mutex
```

Distruzione del Mutex

La libreria *pthread* fornisce la funzione *pthread_mutex_destroy* per distruggere un oggetto mutex una volta che non è più necessario. Questa funzione rilascia eventuali risorse di sistema associate al mutex e invalida l'identificatore del mutex, rendendolo non disponibile per ulteriori utilizzi.

```
pthread_mutex_destroy(&mutex); // Distrugge il mutex
```

Tipi di Mutex

I mutex in *pthread* possono essere di diversi tipi, ciascuno con le proprie caratteristiche:

- PTHREAD_MUTEX_NORMAL: tipo di mutex standard, che fornisce una mutua esclusione di base. Significa che solo un thread alla volta può bloccare il mutex e accedere alla risorsa protetta. Se un thread tenta di bloccare un mutex che è già bloccato da un altro thread, il thread viene messo in attesa finché il mutex non viene sbloccato.

    Questo tipo di mutex è adatto per la maggior parte delle situazioni in cui è necessaria la mutua esclusione e non c'è bisogno di bloccare il mutex più volte nello stesso thread.

- PTHREAD_MUTEX_RECURSIVE: questo tipo di mutex consente allo stesso thread di bloccare il mutex più volte senza causare un blocco. In altre parole, se un thread ha già bloccato il mutex, può bloccarlo nuovamente senza causare un deadlock. Il thread deve rilasciare il mutex lo stesso numero di volte che lo ha bloccato per consentire ad altri thread di accedere alla risorsa protetta.

    Questo tipo di mutex è utile quando un thread potrebbe dover acquisire più volte lo stesso mutex durante l'esecuzione di una funzione ricorsiva o complessa.

- PTHREAD_MUTEX_TIMED_NP: questo tipo di mutex fornisce supporto per il bloccaggio temporizzato. Consente ai thread di specificare un periodo di timeout per tentare di acquisire il blocco. Se il blocco non può essere acquisito entro il tempo specificato, il thread può continuare l'esecuzione senza bloccarsi. Questo tipo di mutex è utile quando si desidera evitare blocchi indefiniti e si vuole gestire situazioni in cui un thread non può attendere indefinitamente il rilascio del mutex.

Vediamo un esempio.

```c
#include <stdio.h>
#include <pthread.h>
#include <unistd.h>

// Variabili globali
pthread_mutex_t mutex;
int shared_variable = 0; // Variabile condivisa

// Funzione eseguita dai thread
void* critical_section(void* arg) {
    int thread_id = *((int*)arg);

    // Blocco mutex
    if (pthread_mutex_lock(&mutex) != 0) {
        perror("Errore durante il bloccaggio del mutex");
        pthread_exit(NULL);
    }

    // Sezione critica
    printf("Thread %d: inizio sezione critica\n", thread_id);
    // Simulazione di un'operazione critica
    for (int i = 0; i < 5; ++i) {
        shared_variable++; // Operazione su variabile condivisa
        usleep(500000); // 0.5 secondo di attesa
    }

    // Sblocco mutex
    if (pthread_mutex_unlock(&mutex) != 0) {
        perror("Errore durante lo sbloccaggio del mutex");
        pthread_exit(NULL);
    }

    printf("Thread %d: fine sezione critica\n", thread_id);
    pthread_exit(NULL);
}

int main() {
    // Inizializzazione del mutex
    if (pthread_mutex_init(&mutex, NULL) != 0) {
        perror("Errore durante l'inizializzazione del mutex");
        return 1;
    }

    // Creazione dei thread
    pthread_t thread1, thread2;
```

```
    int id1 = 1, id2 = 2;
    if (pthread_create(&thread1, NULL, critical_section, (void*)&id1) != 0 ||
        pthread_create(&thread2, NULL, critical_section, (void*)&id2) != 0) {
        perror("Errore durante la creazione dei thread");
        return 1;
    }

    // Attendo la terminazione dei thread
    if (pthread_join(thread1, NULL) != 0 ||
        pthread_join(thread2, NULL) != 0) {
        perror("Errore durante l'attesa dei thread");
        return 1;
    }

    // Stampo il valore della variabile condivisa dopo la sezione critica
    printf("Valore della variabile condivisa dopo le sezioni critiche: %d\n",
shared_variable);

    // Distruggo il mutex
    if (pthread_mutex_destroy(&mutex) != 0) {
        perror("Errore durante la distruzione del mutex");
        return 1;
    }

    return 0;
}
```

Output:

```
Thread 1: inizio sezione critica
Thread 1: fine sezione critica
Thread 2: inizio sezione critica
Thread 2: fine sezione critica
Valore della variabile condivisa dopo le sezioni critiche: 10
```

Condition variables

Le variabili di condizione (condition variables) sono strumenti fondamentali per la sincronizzazione tra thread, consentendo ad essi di attendere fino a quando una determinata condizione diventa vera prima di procedere con l'esecuzione. Esse sono comunemente utilizzate in combinazione con i mutex per implementare pattern di sincronizzazione più complessi.

Inizializzazione della variabile di condizione:

La funzione *pthread_cond_init* viene utilizzata per creare una nuova variabile di condizione. Questa funzione inizializza l'oggetto variabile di condizione identificato dal tipo *pthread_cond_t*, rendendolo pronto per essere utilizzato per la sincronizzazione tra thread.

```
pthread_cond_t condition_variable;
pthread_cond_init(&condition_variable, NULL);
```

Segnalazione di una variabile di condizione:

La funzione *pthread_cond_signal* viene utilizzata per sbloccare uno dei thread che si trovano in attesa su una variabile di condizione. Se più thread sono bloccati sulla variabile di condizione, viene scelto arbitrariamente uno di essi e viene sbloccato per continuare l'esecuzione.

```
pthread_cond_signal(&condition_variable);
```

Broadcast su una variabile di condizione:

La funzione *pthread_cond_broadcast* viene utilizzata per sbloccare tutti i thread che si trovano in attesa su una variabile di condizione. Tutti i thread bloccati vengono risvegliati contemporaneamente e possono continuare l'esecuzione.

```
pthread_cond_broadcast(&condition_variable);
```

Attesa su una variabile di condizione:

La funzione *pthread_cond_wait* viene utilizzata per bloccare il thread chiamante su una variabile di condizione. Il thread rimane in attesa finché un altro thread non segnala o invia un broadcast sulla variabile di condizione.

```
pthread_mutex_lock(&mutex);
pthread_cond_wait(&condition_variable, &mutex);
// ...sezione critica...
```

```
pthread_mutex_unlock(&mutex);
```

Attesa temporizzata su una variabile di condizione:

La funzione *pthread_cond_timedwait* viene utilizzata per bloccare il thread chiamante su una variabile di condizione, con la possibilità di specificare un periodo di timeout. Se il timeout scade prima che la condizione venga soddisfatta, il thread si sblocca e può continuare l'esecuzione.

```
struct timespec ts;
// Imposta il timeout a 5 secondi
clock_gettime(CLOCK_REALTIME, &ts);
ts.tv_sec += 5;
int result = pthread_cond_timedwait(&condition_variable, &mutex, &ts);
if (result == ETIMEDOUT) {
    // Timeout scaduto, gestire il caso
} else if (result != 0) {
    // Gestire eventuali errori
}
```

Distruzione della variabile di condizione:

La funzione *pthread_cond_destroy* viene utilizzata per distruggere una variabile di condizione una volta che non è più necessaria. Questa funzione libera eventuali risorse di sistema associate alla variabile di condizione e la invalida, rendendola non più utilizzabile.

```
pthread_cond_destroy(&condition_variable);
```

Le variabili di condizione sono utili per coordinare l'attesa di eventi o condizioni tra thread e sono spesso utilizzate insieme a un mutex per garantire la sincronizzazione e prevenire situazioni di race condition. È fondamentale utilizzarle in modo accurato per garantire il corretto funzionamento di un programma in un ambiente multithread.

Vediamo un esempio.

```c
#include <stdio.h>
#include <stdlib.h>
#include <pthread.h>
#include <unistd.h>

// Variabili globali
pthread_mutex_t mutex = PTHREAD_MUTEX_INITIALIZER;
pthread_cond_t cond = PTHREAD_COND_INITIALIZER;
int shared_variable = 0;
int condition_met = 0;

// Funzione eseguita dai thread
void* thread_function(void* arg) {
    int thread_id = *((int*)arg);

    // Blocco del mutex
    pthread_mutex_lock(&mutex);

    // Attende la condizione
    while (!condition_met) {
        printf("Thread %d: in attesa della condizione...\n", thread_id);
        pthread_cond_wait(&cond, &mutex);
    }

    // Sezione critica
    printf("Thread %d: esce dall'attesa, inizia la sezione critica\n", thread_id);
    shared_variable++; // Operazione critica sulla variabile condivisa
    printf("Thread %d: esce dalla sezione critica\n", thread_id);

    // Sblocco del mutex
    pthread_mutex_unlock(&mutex);

    return NULL;
}

int main() {
    // Creazione dei thread
    pthread_t thread1, thread2;
    int id1 = 1, id2 = 2;
    pthread_create(&thread1, NULL, thread_function, (void*)&id1);
    pthread_create(&thread2, NULL, thread_function, (void*)&id2);

    // Introduzione di un ritardo per simulare una condizione
    sleep(5);

    // Blocco del mutex per modificare la condizione
    pthread_mutex_lock(&mutex);
```

```
    printf("Main: la condizione e' stata soddisfatta, segnala i thread...\n");
    condition_met = 1;
    pthread_cond_broadcast(&cond); // Sveglia tutti i thread in attesa
    pthread_mutex_unlock(&mutex);

    // Attendo la terminazione dei thread
    pthread_join(thread1, NULL);
    pthread_join(thread2, NULL);

    printf("Valore finale della variabile condivisa: %d\n", shared_variable);

    // Distruzione del mutex e della condition variable
    pthread_mutex_destroy(&mutex);
    pthread_cond_destroy(&cond);

    return 0;
}
```

Output:

```
Thread 1: in attesa della condizione...
Thread 2: in attesa della condizione...
Main: la condizione e' stata soddisfatta, segnala i thread...
Thread 2: esce dall'attesa, inizia la sezione critica
Thread 2: esce dalla sezione critica
Thread 1: esce dall'attesa, inizia la sezione critica
Thread 1: esce dalla sezione critica
Valore finale della variabile condivisa: 2
```

Il codice fornito implementa un esempio di utilizzo delle variabili di condizione in un ambiente multithread. L'obiettivo è mostrare come i thread possono attendere che una certa condizione diventi vera prima di procedere con l'esecuzione della loro sezione critica.

Il programma comprende due thread che eseguono la stessa funzione, denominata *thread_function*. Questa funzione rappresenta la sezione critica del codice e viene eseguita da entrambi i thread.

Il thread principale (main), dopo aver avviato i due thread, modifica una condizione condivisa da entrambi i thread. Quando la condizione diventa vera, il thread principale invia un segnale a tutti i thread in attesa utilizzando una variabile di condizione, permettendo loro di procedere con l'esecuzione della sezione critica.

Una volta che entrambi i thread hanno completato la loro esecuzione, il programma stampa il valore finale della variabile condivisa.

Spiegazione Dettagliata:

- Inizializzazione delle Variabili: vengono dichiarate le variabili globali necessarie per la sincronizzazione tra i thread, ovvero il mutex (mutex) e la variabile di condizione (cond). Viene anche dichiarata una variabile intera condivisa (shared_variable) e una variabile booleana (condition_met) che indica se la condizione è stata soddisfatta.

- Funzione thread_function: questa funzione rappresenta il codice eseguito da ciascun thread. Il thread acquisisce il mutex, verifica la condizione e, se non soddisfatta, si mette in attesa sulla variabile di condizione. Una volta che la condizione diventa vera, il thread esegue la sezione critica (incrementando shared_variable) e rilascia il mutex.

- Funzione main: la funzione principale del programma. Avvia due thread che eseguono thread_function. Successivamente, acquisisce il mutex e modifica la condizione per indicare che è stata soddisfatta. Viene poi segnalato ai thread in attesa che la condizione è stata soddisfatta utilizzando pthread_cond_broadcast. Infine, attende la terminazione dei thread, stampa il valore finale della variabile condivisa e distrugge il mutex e la variabile di condizione.

- Gestione del Mutex e della Variabile di Condizione: il mutex viene utilizzato per garantire la mutua esclusione durante l'accesso alla variabile condivisa e per sincronizzare l'accesso alla condizione. Prima di modificare la condizione, il mutex viene acquisito per evitare problemi di concorrenza. Dopo la modifica

della condizione, il mutex viene rilasciato per consentire agli altri thread di procedere.
- Distruttore del Mutex e della Variabile di Condizione: alla fine del programma, il mutex e la variabile di condizione vengono distrutti per liberare le risorse allocate.

Questo esempio illustra l'importanza della sincronizzazione tra thread e l'utilizzo delle variabili di condizione per attendere il verificarsi di una certa condizione prima di procedere con l'esecuzione della sezione critica.

Memorizzazione locale per Thread

La **M**emorizzazione **L**ocale per **T**hread (**T**hread **L**ocal **S**torage o TLS) è un concetto fondamentale nella programmazione concorrente che consente a ciascun thread di avere i propri dati privati, accessibili solo da quel thread specifico. Questo è un modo per garantire l'indipendenza dei dati tra i thread, evitando la condivisione che potrebbe portare a problemi di sincronizzazione.

In molti contesti multithread, è comune la necessità di variabili o dati che siano visibili e accessibili solo da un singolo thread. Questo può essere necessario per vari motivi:

- Isolamento dei dati: alcune operazioni o stati possono essere specifici di un particolare thread e non devono essere condivisi con altri thread. Ad esempio, le informazioni di stato di un'interfaccia utente possono essere mantenute separatamente per ogni thread per evitare conflitti di accesso.
- Evitare condizioni di gara: la condivisione di dati tra thread può portare a condizioni di gara, dove più thread tentano di accedere o modificare gli stessi dati contemporaneamente. Utilizzando la TLS, è possibile evitare queste situazioni,

in quanto ciascun thread ha la propria istanza dei dati e non c'è competizione per l'accesso.
- Garantire la sicurezza dei dati: alcuni dati sensibili potrebbero dover essere protetti da accessi non autorizzati da parte di altri thread. La TLS fornisce un modo per proteggere tali dati, rendendoli accessibili solo al thread appropriato.

Esempio:

```c
#include <stdio.h>
#include <stdlib.h>
#include <pthread.h>

// Definizione di una variabile TLS
pthread_key_t tls_key;

// Funzione di inizializzazione per la variabile TLS
void tls_init() {
    // Crea una nuova chiave TLS
    pthread_key_create(&tls_key, NULL);
}

// Funzione eseguita da ogni thread
void* thread_function(void* arg) {
    int* thread_local_data = (int*)malloc(sizeof(int));
    *thread_local_data = *(int*)arg;

    // Imposta il valore della variabile TLS per questo thread
    pthread_setspecific(tls_key, (void*)thread_local_data);

    // Legge il valore della variabile TLS e lo stampa
    printf("Thread %d - Thread-local value: %d\n", *(int*)arg,
*(int*)pthread_getspecific(tls_key));

    // Deallocazione della memoria per il dato thread-local
    free(thread_local_data);

    return NULL;
}

int main() {
    // Inizializzazione della variabile TLS
    tls_init();
```

```
    // Creazione di tre thread
    pthread_t thread1, thread2, thread3;
    int thread_args[] = {1, 2, 3};
    pthread_create(&thread1, NULL, thread_function, (void*)&thread_args[0]);
    pthread_create(&thread2, NULL, thread_function, (void*)&thread_args[1]);
    pthread_create(&thread3, NULL, thread_function, (void*)&thread_args[2]);

    // Attendi la terminazione dei thread
    pthread_join(thread1, NULL);
    pthread_join(thread2, NULL);
    pthread_join(thread3, NULL);

    // Deallocazione della chiave TLS
    pthread_key_delete(tls_key);

    return 0;
}
```

Output:

```
Thread 1 - Thread-local value: 1
Thread 3 - Thread-local value: 3
Thread 2 - Thread-local value: 2
```

Il codice sopra fornito viene utilizzata la struttura *pthread_key_t* per rappresentare una chiave per la gestione delle variabili locali per thread. La funzione *pthread_key_create* è utilizzata per creare una nuova chiave TLS, che verrà utilizzata per associare dati specifici del thread a ciascun thread.

La funzione *tls_init* inizializza la chiave TLS, mentre la funzione *thread_function* rappresenta il lavoro eseguito da ciascun thread. All'interno di *thread_function*, viene allocata della memoria per un valore intero, e il valore viene quindi impostato come variabile TLS per il thread corrente utilizzando *pthread_setspecific*. Successivamente, viene letto il valore della variabile TLS e stampato su *stdout*. Infine, la memoria allocata dinamicamente viene deallocata.

Nel *main*, viene inizializzata la variabile TLS, quindi vengono creati tre thread, ciascuno dei quali esegue la funzione *thread_function* con valori specifici passati come argomenti. Dopo la creazione dei thread, il programma attende la terminazione di ciascuno di essi e la chiave TLS viene deallocata.

L'utilizzo delle variabili locali per thread semplifica la gestione dei dati thread-specifici e garantisce l'isolamento dei dati tra i thread, migliorando la sicurezza e la manutenibilità del codice in un ambiente multithread.

Memory order

In linguaggio C, l'ordine di memoria si riferisce alla disposizione e all'accesso dei dati nella memoria del computer. Comprendere l'ordine di memoria è cruciale per garantire che un programma funzioni correttamente, specialmente in contesti multithreaded. Questo concetto è particolarmente importante quando si tratta di garantire la corretta sincronizzazione dei dati tra thread o processi.

Architettura della memoria

La memoria di un computer è organizzata in una gerarchia di livelli, che includono la cache, la memoria principale (RAM) e la memoria di archiviazione permanente (ad esempio, un disco rigido). Ogni livello della gerarchia ha una velocità e una capacità diverse, con la cache più veloce ma più piccola, e la memoria di archiviazione permanente più lenta ma più capiente. L'ordine di memoria si concentra principalmente sulla gestione e sull'accesso alla memoria principale (RAM) del computer.

Allineamento della memoria

Uno degli aspetti fondamentali dell'ordine di memoria è l'allineamento dei dati. Nella maggior parte dei sistemi, i dati devono essere allineati in memoria per garantire un accesso efficiente. Ad esempio, su molti processori, i dati di tipo *int* dovrebbero essere allineati su blocchi di 4 byte, mentre i dati di tipo *double* dovrebbero essere allineati su blocchi di 8 byte.

Accesso sequenziale alla memoria

Nel contesto della programmazione sequenziale, l'ordine di memoria non è di solito un problema critico. Le operazioni di lettura e scrittura dei dati vengono eseguite in modo sequenziale, e l'ordine di esecuzione delle istruzioni del programma viene garantito dal compilatore e dall'architettura del processore.

Contesti multithreaded e sistemi distribuiti

In contesti multithreaded o sistemi distribuiti, più thread o processi possono accedere e modificare la stessa area di memoria contemporaneamente. Questo può portare a problemi come le race condition e la inconsistenza dei dati a causa di letture/scritture concorrenti. È essenziale garantire un ordine prevedibile e consistente delle operazioni di lettura e scrittura per evitare tali problemi e garantire la coerenza dei dati.

L'header *stdatomic.h* in C introduce un insieme di enum chiamati *memory_order*, che consentono ai programmatori di specificare l'ordine delle operazioni di memoria in relazione ad altre operazioni del programma. Questi enum includono:

- **memory_order_relaxed:**

questo livello di ordinamento non impone vincoli sull'ordine delle operazioni di memoria rispetto ad altre operazioni. È il livello più debole e offre la massima flessibilità, ma può portare a risultati imprevedibili in contesti multithreaded.

Esempio:

Immagina di avere un programma in cui due thread, Thread A e Thread B, condividono una variabile globale chiamata *shared_var*. Entrambi i thread leggono e scrivono su questa variabile senza alcuna sincronizzazione specifica. Inoltre, sia la lettura che la scrittura dei thread su *shared_var* sono contrassegnate con *memory_order_relaxed*.

```c
#include <stdio.h>
#include <stdlib.h>
#include <pthread.h>
#include <stdatomic.h>

// Variabile globale condivisa
_Atomic int shared_var = 0;

// Funzione eseguita da Thread A
void* thread_function_A(void* arg) {
    // Incrementa la variabile condivisa
    atomic_fetch_add_explicit(&shared_var, 1, memory_order_relaxed);
    printf("Thread A: Valore incrementato\n");
    return NULL;
}

// Funzione eseguita da Thread B
void* thread_function_B(void* arg) {
    // Legge il valore della variabile condivisa
    int value = atomic_load_explicit(&shared_var, memory_order_relaxed);
    printf("Thread B: Valore letto: %d\n", value);
    return NULL;
}

int main() {
    // Creazione dei thread
    pthread_t thread1, thread2;
    pthread_create(&thread1, NULL, thread_function_A, NULL);
    pthread_create(&thread2, NULL, thread_function_B, NULL);

    // Attendo la terminazione dei thread
    pthread_join(thread1, NULL);
    pthread_join(thread2, NULL);

    return 0;
}
```

Output:

```
Thread A: Valore incrementato
Thread B: Valore letto: 1
```

Se provi a eseguire il programma più di una volta, non sempre otterrai l'output mostrato, ma potrai ottenere:

```
Thread B: Valore letto: 0
Thread A: Valore incrementato
```

In questo esempio, abbiamo due thread, Thread A e Thread B, che accedono alla variabile *shared_var* in modo asincrono. Entrambi i thread usano operazioni atomiche per leggere e scrivere su *shared_var* con il parametro *memory_order_relaxed*.

Il livello *memory_order_relaxed* offre la massima flessibilità, poiché non impone vincoli sull'ordine delle operazioni rispetto ad altre operazioni. Ciò significa che non c'è alcuna garanzia sull'ordine in cui le operazioni di memoria dei due thread vengono eseguite rispetto l'una all'altra.

In questo caso, sia Thread A che Thread B possono leggere o scrivere *shared_var* in qualsiasi ordine, e non vi è alcuna garanzia su quale operazione verrà eseguita per prima o per ultima. Questo può portare a risultati imprevedibili e difficili da debuggare in contesti multithreaded.

In sostanza, *memory_order_relaxed* è utile quando non è necessario un preciso ordine tra le operazioni di memoria, ad esempio, quando si effettuano operazioni di conteggio o si aggiornano flag di stato che non dipendono da operazioni precedenti. Tuttavia, è importante essere consapevoli dei possibili effetti collaterali e delle conseguenze impreviste quando si utilizza questo livello di ordinamento.

- **memory_order_consume**

questo livello di ordinamento della memoria è utilizzato per garantire che tutte le operazioni di memoria <u>successive</u> a una load/allocazione marcata come "consume" dipendano da essa. Questo significa che, se un thread legge i dati di un altro thread e vuole assicurarsi che le operazioni successive dipendano dalla lettura effettuata, può utilizzare questo livello di ordinamento.

Per comprendere meglio, consideriamo un esempio:

Supponiamo di avere due thread, Thread A e Thread B i quali condividono una variabile globale *shared_data* tramite la quale comunicano. Thread A scrive dei dati in questa variabile, mentre Thread B li legge. Tuttavia, Thread B deve garantire che le operazioni successive dipendano dalla lettura dei dati effettuata da Thread A.

```c
#include <stdio.h>
#include <stdlib.h>
#include <pthread.h>
#include <stdatomic.h>

// Variabile condivisa
int shared_data = 0;

// Funzione eseguita da Thread A
void* thread_function_A(void* arg) {
    // Scrive dei dati nella variabile condivisa
    shared_data = 42;
    return NULL;
}

// Funzione eseguita da Thread B
void* thread_function_B(void* arg) {
    // Legge i dati dalla variabile condivisa
    int data = atomic_load_explicit(&shared_data, memory_order_consume);

    // Elabora i dati letti
    printf("Thread B: Dati letti da Thread A: %d\n", data);

    // Operazioni successive che dipendono dalla lettura di Thread A
    // ...

    return NULL;
}

int main() {
    // Creazione dei thread
    pthread_t thread1, thread2;
    pthread_create(&thread1, NULL, thread_function_A, NULL);
    pthread_create(&thread2, NULL, thread_function_B, NULL);
```

```
    // Attendo la terminazione dei thread
    pthread_join(thread1, NULL);
    pthread_join(thread2, NULL);

    return 0;
}
```

Output:

```
Thread B: Dati letti da Thread A: 42
```

In questo esempio, Thread A scrive dei dati nella variabile condivisa *shared_data*. Successivamente, Thread B legge i dati da *shared_data* utilizzando *memory_order_consume*. Ciò garantisce che tutte le operazioni successive di Thread B, come l'elaborazione dei dati letti, dipendano dalla lettura effettuata da Thread A.

Se si rimuove *memory_order_consume*, il comportamento del programma può diventare imprevedibile in determinate situazioni, specialmente in contesti multithreaded.

Senza *memory_order_consume*, non vi è alcuna garanzia che le operazioni successive eseguite da Thread B dipendano dalla lettura dei dati effettuata da Thread A. Questo significa che il compilatore e/o l'hardware possono riordinare le istruzioni in modo tale che le operazioni di Thread B possano essere eseguite prima della lettura dei dati di Thread A.

Di conseguenza, Thread B potrebbe elaborare i dati letti da *shared_data* prima che siano stati scritti da Thread A. Ciò può portare a risultati imprevisti e comportamenti non deterministici nel programma. Ad esempio, Thread B potrebbe accedere a dati non validi o incompleti, causando comportamenti indesiderati o errori nel programma.

- **memory_order_acquire**

questo livello di ordinamento della memoria è utilizzato per garantire che tutte le operazioni di memoria <u>precedenti</u> a una load/allocazione marcata come "acquire" non vengano spostate oltre di essa. Questo significa che, se un thread legge dei dati da una variabile e vuole assicurarsi che tutte le operazioni precedenti siano state completate prima di accedere ai dati, può utilizzare questo livello di ordinamento. Quando un thread esegue una operazione di load (lettura) marcata come "acquire" su una variabile condivisa, viene garantito che tutte le operazioni di memoria precedenti a tale load siano state completate prima dell'accesso alla variabile. Questo impedisce al compilatore e all'hardware di riordinare le istruzioni in modo tale che le operazioni precedenti al load "acquire" vengano eseguite dopo di essa.

In altre parole, *memory_order_acquire* fornisce una barriera per l'ordinamento delle operazioni di memoria, garantendo che tutte le operazioni precedenti al load "acquire" siano completate prima che il thread proceda con l'accesso alla variabile condivisa.

Per comprendere meglio, consideriamo il seguente esempio:

```c
#include <stdio.h>
#include <stdlib.h>
#include <pthread.h>
#include <stdatomic.h>

// Variabili condivise
int shared_data = 0;
int flag = 0;

// Funzione eseguita da Thread A
void* thread_function_A(void* arg) {
    // Effettua delle operazioni di scrittura su dati
    shared_data = 42;

    // Setta il flag per indicare che i dati sono stati scritti
    flag = 1;

    return NULL;
}
```

```c
// Funzione eseguita da Thread B
void* thread_function_B(void* arg) {
    // Effettua delle operazioni precedenti

    // Attendi finché il flag non è settato
    while (!flag) {
        // Aspetta
    }

    // Garantisce che tutte le operazioni precedenti siano completate prima di accedere ai dati
    atomic_thread_fence(memory_order_acquire);

    // Legge i dati dalla variabile condivisa
    int data = shared_data;

    // Elabora i dati letti
    printf("Thread B: Dati letti: %d\n", data);

    return NULL;
}
int main() {
    // Creazione dei thread
    pthread_t thread1, thread2;
    pthread_create(&thread1, NULL, thread_function_A, NULL);
    pthread_create(&thread2, NULL, thread_function_B, NULL);

    // Attendo la terminazione dei thread
    pthread_join(thread1, NULL);
    pthread_join(thread2, NULL);

    return 0;
}
```

- **memory_order_release**

questo livello di ordinamento è utilizzato per garantire che tutte le operazioni di memoria successive a una store o allocazione marcate come "release" non vengano spostate prima di essa.

Quando un thread scrive dati in una variabile condivisa utilizzando *memory_order_release*, si assicura che tutte le operazioni di scrittura precedenti siano completate prima che i dati vengano resi disponibili per l'accesso da parte di altri thread. Ciò significa che tutte le modifiche ai dati fatte dal thread, inclusa la scrittura dei dati stessi, e tutte le operazioni di scrittura in memoria precedentemente eseguite da quel thread, sono completate prima che i dati siano resi disponibili per l'accesso da parte di altri thread.

Questo è particolarmente utile in scenari in cui è importante garantire che i dati scritti da un thread siano visibili e accessibili da altri thread in modo coerente e ordinato. Ad esempio, potrebbe essere necessario aggiornare una variabile condivisa e assicurarsi che tutti i thread vedano l'aggiornamento solo dopo che tutte le operazioni di scrittura necessarie sono state completate, al fine di evitare problemi come la letture sporche o la inconsistenze dei dati.

In breve, *memory_order_release* garantisce che tutte le operazioni di scrittura fatte prima di una store o allocazione marcate come "release" siano completate prima che i dati vengano resi disponibili per l'accesso da parte di altri thread, contribuendo a mantenere la coerenza e l'ordine dei dati in un ambiente multithread.

Esempio di utilizzo:

```c
#include <stdio.h>
#include <stdlib.h>
#include <pthread.h>
#include <stdatomic.h>

// Variabile condivisa
int shared_data = 0;

// Funzione eseguita da Thread A
void* thread_function_A(void* arg) {
    // Effettua delle operazioni di scrittura su dati
    shared_data = 42;

    // Rilascia i dati per l'accesso da parte di altri thread
    atomic_thread_fence(memory_order_release);

    return NULL;
}
```

```c
// Funzione eseguita da Thread B
void* thread_function_B(void* arg) {
    // Attendere finché i dati non sono pronti per l'accesso
    while (atomic_load_explicit(&shared_data, memory_order_acquire) == 0) {
        // Aspetta
    }

    // Legge i dati dalla variabile condivisa
    int data = shared_data;

    // Elabora i dati letti
    printf("Thread B: Dati letti: %d\n", data);

    return NULL;
}
int main() {
    // Creazione dei thread
    pthread_t thread1, thread2;
    pthread_create(&thread1, NULL, thread_function_A, NULL);
    pthread_create(&thread2, NULL, thread_function_B, NULL);

    // Attendo la terminazione dei thread
    pthread_join(thread1, NULL);
    pthread_join(thread2, NULL);

    return 0;
}
```

- **memory_order_acq_rel**

Questo livello di ordinamento combina i comportamenti di *memory_order_acquire* e *memory_order_release*.

Quando si utilizza memory_order_acq_rel per un'operazione di memoria, si garantisce che tutte le operazioni di memoria precedenti alla load/allocazione marcata come "acquire" non vengano spostate oltre di essa e che tutte le operazioni di memoria successive alla store/allocazione marcata come "release" non vengano spostate prima di essa. In altre parole, si stabilisce un'associazione tra le operazioni di scrittura e di lettura rispetto alla variabile condivisa.

- **memory_order_seq_cst:**

Il livello di ordinamento della memoria *memory_order_seq_cst* offre la garanzia più forte sull'ordinamento delle operazioni di memoria tra i thread. Questo significa che assicura che tutte le operazioni di memoria, incluse letture e scritture, avvengano in un ordine sequenziale coerente rispetto ad altre operazioni di memoria in tutti i thread del programma.

È importante utilizzare *memory_order_seq_cst* solo quando è assolutamente necessario garantire un ordinamento di memoria rigoroso tra i thread.

Immagina di avere un'applicazione multithreaded in cui diversi thread devono accedere e modificare una variabile condivisa chiamata counter. Utilizzando *memory_order_seq_cst*, possiamo garantire che le operazioni di lettura e scrittura eseguite dai vari thread su counter siano percepite in modo coerente da tutti gli altri thread.

Ad esempio, supponiamo di avere due thread, Thread A e Thread B, che accedono a counter contemporaneamente. Thread A esegue un'operazione di scrittura per incrementare counter da 0 a 1, mentre Thread B esegue un'operazione di lettura per ottenere il valore di counter. Utilizzando *memory_order_seq_cst*, possiamo garantire che:

1. Il valore di counter modificato da Thread A sarà visibile a Thread B solo dopo che Thread A ha completato l'operazione di scrittura.
2. Se Thread B esegue un'operazione di lettura di counter successivamente all'operazione di scrittura di Thread A, vedrà il valore aggiornato di counter, cioè 1.

In questo modo, l'utilizzo di *memory_order_seq_cst* garantisce che le operazioni di scrittura e lettura eseguite da Thread A e Thread B rispettino un ordine coerente, garantendo l'integrità dei dati condivisi e la correttezza dell'applicazione multithreaded.

Senza specificare *memory_order_seq_cst*, potrebbero verificarsi le seguenti situazioni:

1. Race condition: se Thread B esegue l'operazione di lettura di counter prima che Thread A completi l'operazione di scrittura, potrebbe leggere un valore obsoleto di counter, risultante in un comportamento imprevisto.
2. Ordine delle operazioni non garantito: senza specificare un ordine coerente come *memory_order_seq_cst*, non c'è garanzia che l'operazione di scrittura eseguita da Thread A sia percepita da Thread B nell'ordine corretto. Ciò potrebbe portare a errori nella sincronizzazione dei dati e nel comportamento dell'applicazione.

Generare documentazione del codice

Scrivere codice che funzioni è solo una parte del lavoro di un programmatore. Un codice ben scritto deve anche essere comprensibile, mantenibile e facilmente utilizzabile da altri sviluppatori. La chiave per raggiungere questi obiettivi è una buona documentazione, che inizia con l'arte di scrivere commenti efficaci. In questo capitolo esploreremo le migliori pratiche per scrivere commenti nel codice C e come generare una documentazione professionale utilizzando strumenti come Doxygen.

Importanza della Documentazione

La documentazione è essenziale per vari motivi:

- Chiarezza: fornisce una spiegazione dettagliata del funzionamento e dell'architettura del codice.
- Manutenibilità: aiuta a mantenere il codice aggiornato e facilmente comprensibile anche dopo mesi o anni.
- Collaborazione: facilita il lavoro di team di sviluppo, riducendo la necessità di spiegazioni verbali e migliorando la comunicazione.
- Onboarding: permette ai nuovi membri del team di comprendere rapidamente il progetto e iniziare a contribuire.

Strumenti per la generazione di documentazione: Doxygen

Doxygen è uno strumento potente e flessibile per la generazione automatica di documentazione dai commenti del codice sorgente. Supporta diversi linguaggi di programmazione, incluso il C, e permette di creare documentazione in vari formati come HTML, LaTeX, e PDF.

Installazione di Doxygen

L'installazione di Doxygen è semplice e varia a seconda della piattaforma utilizzata:

- Windows:
  scaricare l'installer dal sito ufficiale https://www.doxygen.nl/index.html e seguire le istruzioni.

- Unix/Linux:
  ```
  sudo apt-get install doxygen
  ```

- macOS:
  ```
  brew install doxygen
  ```

Configurazione di Doxygen

Per configurare Doxygen, si inizia creando un file di configurazione chiamato Doxyfile. Questo file può essere generato con il comando:

```
doxygen -g
```

Il Doxyfile contiene numerose opzioni per personalizzare la documentazione. Alcuni parametri chiave includono:

- PROJECT_NAME: Nome del progetto.
- OUTPUT_DIRECTORY: Directory in cui verrà salvata la documentazione generata.
- INPUT: File o directory da documentare.
- RECURSIVE: Se impostato su YES, Doxygen analizzerà ricorsivamente le directory specificate.

Scrivere commenti per Doxygen

Doxygen utilizza specifici tag all'interno dei commenti per generare documentazione. Ecco alcuni dei tag più comuni:

@brief: Fornisce una breve descrizione della funzione o del file.

@param: Descrive i parametri di una funzione.

@return: Descrive il valore di ritorno di una funzione.

@file: Descrive il file in cui si trova il commento.

Esempio di utilizzo

Consideriamo un programma C che gestisce una lista di studenti. Vediamo come documentarlo usando Doxygen.

Codice sorgente

```
/**
 * @file student.c
 * @brief Implementazione delle funzioni per gestire una lista di studenti.
 */

#include <stdio.h>
#include <stdlib.h>
```

```c
#include <string.h>

/**
 * @brief Struttura che rappresenta uno studente.
 */
typedef struct {
    int id;            /**< ID dello studente */
    char name[50];     /**< Nome dello studente */
    float grade;       /**< Voto dello studente */
} Student;

/**
 * @brief Aggiunge uno studente alla lista.
 *
 * @param list Lista di studenti.
 * @param count Numero attuale di studenti nella lista.
 * @param s Studente da aggiungere.
 * @return Nuovo numero di studenti nella lista.
 */
int addStudent(Student* list, int count, Student s) {
    list[count] = s;
    return count + 1;
}

/**
 * @brief Stampa la lista degli studenti.
 *
 * @param list Lista di studenti.
 * @param count Numero di studenti nella lista.
 */
void printStudents(Student* list, int count) {
    for (int i = 0; i < count; i++) {
        printf("ID: %d, Nome: %s, Voto: %.2f\n", list[i].id, list[i].name, list[i].grade);
    }
}

int main() {
    Student list[100];
    int count = 0;

    Student s1 = {1, "Alice", 90.5};
    count = addStudent(list, count, s1);

    Student s2 = {2, "Bob", 85.0};
    count = addStudent(list, count, s2);

    printStudents(list, count);
```

```
    return 0;
}
```

Configurazione del Doxyfile

Un esempio di Doxyfile configurato per questo progetto potrebbe includere:

```
PROJECT_NAME          = "Gestione Studenti"
OUTPUT_DIRECTORY      = "./docs"
INPUT                 = .
RECURSIVE             = YES
EXTRACT_ALL           = YES
GENERATE_HTML         = YES
GENERATE_LATEX        = YES
```

Generazione della Documentazione

Per generare la documentazione, portarsi nella cartella in cui è salvato il file Doxyfile ed eseguire il comando:

```
doxygen Doxyfile
```

Best Practices per la documentazione

Documentare tutto il codice pubblico

La documentazione deve coprire tutti gli elementi pubblici del codice, inclusi funzioni, strutture, variabili globali e file di intestazione. Una documentazione completa permette a chiunque legga il codice di comprendere il funzionamento e l'uso di ogni componente senza dover esaminare il codice sorgente in dettaglio.

- Funzioni: ogni funzione deve avere una descrizione che spiega il suo scopo, i suoi parametri di ingresso, e il suo valore di ritorno. Utilizzare i tag di Doxygen come @brief, @param, e @return.

```c
/**
 * @brief Calcola la somma di due numeri interi.
 *
 * @param a Primo numero intero.
 * @param b Secondo numero intero.
 * @return La somma di a e b.
 */
int somma(int a, int b);
```

- Strutture: le strutture devono avere una descrizione che spiega il loro scopo e il significato di ciascun campo.

```c
/**
 * @brief Rappresenta un punto nello spazio 2D.
 */
typedef struct {
    float x; /**< Coordinata x del punto */
    float y; /**< Coordinata y del punto */
} Punto;
```

- Variabili Globali: anche le variabili globali devono essere documentate per spiegare il loro scopo e come vengono utilizzate.

```c
/**
 * @brief Numero massimo di connessioni simultanee.
 */
extern int max_connessioni;
```

- File di Intestazione: ogni file di intestazione dovrebbe avere una descrizione generale del suo contenuto e scopo.

```c
/**
 * @file rete.h
 * @brief Definizioni e dichiarazioni per la gestione della rete.
 */
```

Mantenere la documentazione aggiornata

La documentazione deve sempre riflettere lo stato attuale del codice. Questo richiede una revisione regolare per garantire che non vi siano discrepanze tra il codice e la documentazione.

- Revisione periodica: stabilire un calendario per la revisione della documentazione, ad esempio ogni sprint o ogni release.
- Procedure di revisione del codice: includere la verifica della documentazione come parte del processo di revisione del codice. Ogni modifica al codice dovrebbe essere accompagnata da un aggiornamento corrispondente nella documentazione.
- Strumenti di automazione: utilizzare strumenti che segnalano le parti del codice non documentate o che verificano la coerenza della documentazione.

Usare un linguaggio chiaro e conciso

La documentazione deve essere facilmente comprensibile da altri sviluppatori. Evitare l'uso di gergo tecnico non necessario e puntare su descrizioni chiare e concise.

- Semplicità: utilizzare frasi brevi e semplici. Evitare periodi complessi e gergo tecnico che potrebbe non essere familiare a tutti i membri del team.
- Precisione: fornire descrizioni precise che spiegano esattamente cosa fa una funzione o un componente.
- Consistenza: utilizzare termini e frasi consistenti in tutta la documentazione per evitare confusione.

Includere esempi di utilizzo

Gli esempi pratici sono fondamentali per aiutare gli sviluppatori a capire come utilizzare le funzioni e le strutture documentate. Gli esempi dovrebbero essere chiari, pertinenti e mostrare scenari d'uso comuni.

- Codice di esempio: fornire snippet di codice che mostrano come utilizzare una funzione o una struttura.
- Casi d'uso: descrivere scenari specifici in cui la funzione o la struttura viene utilizzata.
- Note e suggerimenti: aggiungere note su eventuali limitazioni, considerazioni sulle performance, o migliori pratiche d'uso.

```c
/**
 * @brief Calcola il fattoriale di un numero.
 *
 * Questa funzione utilizza una tecnica ricorsiva per calcolare il fattoriale di
 un numero dato.
 *
 * @param n Numero di cui calcolare il fattoriale.
 * @return Il fattoriale di n.
 *
 * @example
 * int result = fattoriale(5);
 * // result now holds the value 120
 */
int fattoriale(int n);
```

<u>Utilizzare Standard di formattazione consistenti</u>

Seguire uno standard per la scrittura dei commenti e della documentazione assicura uniformità e professionalità. Standardizzare la formattazione aiuta a rendere la documentazione leggibile e mantenibile.

- Linee guida di formattazione: definire linee guida chiare su come strutturare i commenti e la documentazione. Ad esempio, decidere se usare commenti a blocchi o di linea singola, dove posizionare i tag, e come formattare gli esempi di codice.
- Strumenti di linting: utilizzare strumenti che verificano la conformità della documentazione alle linee guida stabilite.

- Consistenza nel progetto: assicurarsi che tutte le parti del progetto seguano lo stesso standard di documentazione, indipendentemente da chi scrive il codice.

```c
/****************************************************
 * Nome del File: esempio.c
 * Scopo: Esempio di documentazione conforme alle linee guida
 ****************************************************/

#include <stdio.h>

/**
 * @brief Esegue una funzione di esempio.
 *
 * Questa funzione serve come esempio per mostrare come documentare
 * una funzione secondo le linee guida del progetto.
 *
 * @param parametro Descrizione del parametro.
 * @return Descrizione del valore di ritorno.
 */
int esempio(int parametro) {
    // Implementazione della funzione
    return parametro * 2;
}
```

Errori da evitare

La programmazione in C può essere insidiosa, anche per gli sviluppatori esperti. In questo capitolo, esploreremo alcuni degli errori più comuni che si commettono quando si programma in C, fornendo esempi concreti e soluzioni pratiche.

Mancata inizializzazione delle variabili

Uno degli errori più frequenti è l'uso di variabili non inizializzate.

Esempio Errato:

```c
#include <stdio.h>

int main() {
    int x;
    printf("Il valore di x è: %d\n", x);
    return 0;
}
```

Questo codice potrebbe stampare un valore casuale o causare un comportamento indefinito.

Soluzione:

```c
#include <stdio.h>

int main() {
    int x = 0;   // Inizializzazione esplicita
    printf("Il valore di x è: %d\n", x);
    return 0;
}
```

Inizializza sempre le variabili prima di usarle per evitare comportamenti imprevedibili.

Confusione tra '==' e '='

Scambiare l'operatore di confronto ('==') con l'operatore di assegnazione ('=') è un errore comune.

Esempio Errato:

```c
#include <stdio.h>

int main() {
    int a = 5;
    if (a = 10) {
        printf("a è uguale a 10\n");
    } else {
        printf("a non è uguale a 10\n");
    }
    return 0;
}
```

Questo codice assegnerà 10 ad *a* invece di confrontarlo, causando sempre l'esecuzione del ramo *if*.

Soluzione:

```c
#include <stdio.h>

int main() {
    int a = 5;
    if (a == 10) {
        printf("a è uguale a 10\n");
    } else {
        printf("a non è uguale a 10\n");
    }
    return 0;
}
```

Usa sempre '==' per i confronti e '=' per le assegnazioni.

Buffer Overflow

Il buffer overflow è un errore critico che può portare a vulnerabilità di sicurezza.

Esempio Errato:

```c
#include <stdio.h>
#include <string.h>

int main() {
    char buffer[5];
    strcpy(buffer, "Questo è un testo troppo lungo");
    printf("%s\n", buffer);
    return 0;
}
```

Questo codice scrive oltre i limiti dell'array *buffer*, causando un comportamento indefinito.

Soluzione:

```c
#include <stdio.h>
#include <string.h>

int main() {
    char buffer[20];
    strncpy(buffer, "Questo è un testo", sizeof(buffer) - 1);
    buffer[sizeof(buffer) - 1] = '\0';  // Assicura la terminazione della stringa
    printf("%s\n", buffer);
    return 0;
}
```

Usa sempre funzioni sicure come *strncpy()* e controlla la lunghezza dell'input.

Mancata liberazione della memoria

La mancata liberazione della memoria allocata dinamicamente può causare memory leak.

Esempio Errato:

```c
#include <stdlib.h>

void funzione() {
    int *ptr = malloc(sizeof(int) * 10);
    // Uso di ptr
    // Manca free(ptr)
}

int main() {
    for (int i = 0; i < 1000; i++) {
        funzione();
    }
    return 0;
}
```

Questo codice causa un memory leak perché la memoria allocata non viene mai liberata.

Soluzione:

```c
#include <stdlib.h>

void funzione() {
    int *ptr = malloc(sizeof(int) * 10);
    if (ptr == NULL) {
        // Gestione dell'errore di allocazione
        return;
    }
    // Uso di ptr
    free(ptr);
}

int main() {
    for (int i = 0; i < 1000; i++) {
        funzione();
    }
    return 0;
}
```

Libera sempre la memoria allocata dinamicamente quando non è più necessaria.

Accesso fuori dai limiti dell'array

L'accesso a elementi dell'array oltre i suoi limiti è un errore comune e pericoloso.

Esempio Errato:

```c
#include <stdio.h>

int main() {
    int arr[5] = {1, 2, 3, 4, 5};
    for (int i = 0; i <= 5; i++) {
        printf("%d ", arr[i]);
    }
    return 0;
}
```

Questo codice accede ad *arr[5]*, che è fuori dai limiti dell'array.

Soluzione:

```c
#include <stdio.h>

int main() {
    int arr[5] = {1, 2, 3, 4, 5};
    for (int i = 0; i < 5; i++) {
        printf("%d ", arr[i]);
    }
    return 0;
}
```

Assicurati sempre che gli indici dell'array siano all'interno dei limiti validi.

Dimenticare di includere gli header File

Omettere gli header file necessari può portare a errori di compilazione o comportamenti imprevisti.

Esempio Errato:

```
int main() {
    printf("Hello, World!\n");
    return 0;
}
```

Questo codice potrebbe compilare senza avvisi, ma potrebbe causare comportamenti imprevisti.

Soluzione:

```
#include <stdio.h>

int main() {
    printf("Hello, World!\n");
    return 0;
}
```

Includi sempre gli header file appropriati per le funzioni che utilizzi.

Uso errato di puntatori

L'uso improprio dei puntatori è una fonte comune di errori in C.

Esempio Errato:

```
#include <stdio.h>

int main() {
    int x = 10;
    int *ptr;
    *ptr = x;   // Errore: ptr non è inizializzato
    printf("%d\n", *ptr);
    return 0;
}
```

Questo codice tenta di dereferenziare un puntatore non inizializzato, causando un comportamento indefinito.

Soluzione:

```c
#include <stdio.h>

int main() {
    int x = 10;
    int *ptr = &x;   // Inizializza ptr con l'indirizzo di x
    printf("%d\n", *ptr);
    return 0;
}
```

Assicurati sempre che i puntatori siano inizializzati prima di dereferenziarli.

Confusione tra aritmetica dei puntatori e degli interi

L'aritmetica dei puntatori funziona in modo diverso dall'aritmetica degli interi, e confonderle può portare a errori.

Esempio Errato:

```c
#include <stdio.h>

int main() {
    int arr[] = {1, 2, 3, 4, 5};
    int *ptr = arr;
    printf("%d\n", *(ptr + 2 * sizeof(int)));   // Errore: calcolo errato
    return 0;
}
```

Questo codice tenta di accedere al terzo elemento dell'array, ma il calcolo è errato.

Soluzione:

```c
#include <stdio.h>
int main() {
    int arr[] = {1, 2, 3, 4, 5};
    int *ptr = arr;
    printf("%d\n", *(ptr + 2));   // Corretto: accede al terzo elemento
    return 0;
}
```

Ricorda che l'aritmetica dei puntatori tiene già conto della dimensione del tipo di dato.

Mancata gestione degli errori

Ignorare i valori di ritorno delle funzioni può portare a errori non rilevati e comportamenti imprevisti.

Esempio Errato:

```
#include <stdio.h>
#include <stdlib.h>

int main() {
    FILE *file = fopen("file_inesistente.txt", "r");
    char buffer[100];
    fgets(buffer, sizeof(buffer), file);  // Errore: file potrebbe essere NULL
    printf("%s", buffer);
    fclose(file);
    return 0;
}
```

Questo codice non verifica se l'apertura del file è riuscita prima di utilizzarlo.

Soluzione:

```
#include <stdio.h>
#include <stdlib.h>

int main() {
    FILE *file = fopen("file_inesistente.txt", "r");
    if (file == NULL) {
        perror("Errore nell'apertura del file");
        return 1;
    }
    char buffer[100];
    if (fgets(buffer, sizeof(buffer), file) != NULL) {
        printf("%s", buffer);
    }
    fclose(file);
    return 0;
```

```
}
```

Controlla sempre i valori di ritorno delle funzioni e gestisci gli errori appropriatamente.

Uso improprio di sizeof()

L'uso errato di *sizeof()* può portare a calcoli errati, specialmente quando si lavora con array e puntatori.

Esempio Errato:

```
#include <stdio.h>

void printArray(int *arr) {
    int size = sizeof(arr) / sizeof(arr[0]);  // Errore: non funziona come previsto
    for (int i = 0; i < size; i++) {
        printf("%d ", arr[i]);
    }
}

int main() {
    int numbers[] = {1, 2, 3, 4, 5};
    printArray(numbers);
    return 0;
}
```

Questo codice calcola erroneamente la dimensione dell'array all'interno della funzione.

Soluzione:

```
#include <stdio.h>

void printArray(int *arr, int size) {
    for (int i = 0; i < size; i++){
        printf("%d ", arr[i]);
    }
}
```

```c
int main() {
    int numbers[] = {1, 2, 3, 4, 5};
    int size = sizeof(numbers) / sizeof(numbers[0]);
    printArray(numbers, size);
    return 0;
}
```

Passa sempre la dimensione dell'array come parametro quando lavori con array in funzioni.

I flags di compilazione

I flags di compilazione sono parametri passati al compilatore per influenzare il processo di compilazione del codice sorgente in linguaggio macchina. Questo capitolo esplorerà i principali flags di compilazione utilizzati con il compilatore C, come GCC (GNU Compiler Collection) e Clang, per ottimizzare il codice, gestire warning, includere informazioni di debug e altro ancora.

Principali categorie di flag

I flag di compilazione possono essere raggruppati in diverse categorie in base alla loro funzionalità:

- Ottimizzazione del Codice
    1. -O: abilita l'ottimizzazione del codice. È seguito da un numero che indica il livello di ottimizzazione desiderato (1, 2, 3, etc.).

    Esempio:

    ```
    gcc -O2 -o myprogram main.c
    ```

    L'opzione -O0 disabilita tutte le ottimizzazioni, generando codice eseguibile direttamente dal codice sorgente senza applicare ottimizzazioni. Questo porta a tempi di compilazione più brevi e un processo di debugging più semplice, poiché il codice generato corrisponde strettamente al codice sorgente, ma il codice eseguibile risultante può essere significativamente più lento e più grande rispetto ai livelli di ottimizzazione superiori.
    L'opzione -O1 abilita un insieme di ottimizzazioni di base che migliorano le prestazioni e riducono la dimensione del codice eseguibile senza aumentare significativamente i tempi di compilazione. Queste ottimizzazioni

includono l'eliminazione del codice morto, l'ottimizzazione dei loop, l'inlining delle funzioni semplici e l'eliminazione delle variabili inutilizzate. Con -O1, si ottiene un miglioramento delle prestazioni rispetto a -O0 con tempi di compilazione ragionevoli, ma non si applicano le ottimizzazioni più aggressive di -O2 e -O3.

L'opzione -O2 abilita un insieme più ampio di ottimizzazioni rispetto a -O1, con l'obiettivo di migliorare ulteriormente le prestazioni e la dimensione del codice eseguibile. Queste ottimizzazioni includono tutte quelle di -O1 più ulteriori ottimizzazioni dei loop, come il loop unrolling e il loop fusion, le ottimizzazioni interprocedurali, l'eliminazione delle espressioni comuni e l'ottimizzazione delle chiamate di funzione. Con -O2, si ottiene un significativo miglioramento delle prestazioni e della dimensione del codice rispetto a -O1, ma con tempi di compilazione più lunghi.

L'opzione -O3 abilita tutte le ottimizzazioni di -O2 e aggiunge ulteriori ottimizzazioni aggressive che possono aumentare ulteriormente le prestazioni, ma anche i tempi di compilazione e la dimensione del codice. Queste ottimizzazioni includono tutte quelle di -O2 più ulteriori ottimizzazioni per la vettorizzazione dei loop, l'inlining più aggressivo delle funzioni e il prefetching delle cache. Con -O3, si ottengono le massime prestazioni del codice eseguibile, ma con tempi di compilazione significativamente più lunghi, un potenziale aumento della dimensione del codice e un rischio maggiore di instabilità o comportamenti imprevisti in alcuni casi.
2. -Os: ottimizza per ridurre la dimensione del codice generato.

- Warning e Errori
  1. -Wall: abilita la maggior parte dei warning ragionevoli.
  2. -Wextra: abilita warning extra non inclusi in -Wall.

3. -Werror: tratta i warning come errori, interrompendo la compilazione se vengono generati warning.

- Informazioni di Debug

-g: includi informazioni di debug nel file eseguibile generato. Queste informazioni sono utili per il debugging del programma.

- Standard del Linguaggio

-std=<standard>: specifica il standard del linguaggio C da utilizzare durante la compilazione, come c89, c99, c11, c17.

Esempio:

```
gcc -std=c11 -o myprogram main.c
```

- Gestione dei File di Intestazione e delle Librerie
    1. -I<path>: aggiunge <path> alla lista di directory in cui cercare i file di intestazione (*.h).
    2. -L<path>: aggiunge <path> alla lista di directory in cui cercare le librerie (*.a, *.so).

Esempio:

```
gcc -I./include -o myprogram main.c
```

- Altri Flag Utili
    1. -c: compila il sorgente in un file oggetto (.o) senza eseguire la fase di linking.
    2. -o <output>: specifica il nome del file di output per il programma eseguibile o per il file oggetto compilato.
    3. -static: linka staticamente le librerie anziché dinamicamente.

Utilizzo dei flag nel compilatore GCC

GCC è uno dei compilatori C più utilizzati ed è ricco di opzioni di compilazione. Ecco alcuni esempi di come utilizzare i flag di compilazione con GCC precedentemente menzionati:

Compilare con ottimizzazione:

```
gcc -O2 -o myprogram main.c
```

Abilitare tutti i warning:

```
gcc -Wall -o myprogram main.c
```

Specificare il standard del linguaggio C:

```
gcc -std=c11 -o myprogram main.c
```

Includere informazioni di debug:

```
gcc -g -o myprogram main.c
```

Interpretazione degli Output del Compilatore

Durante la compilazione, il compilatore può generare diversi tipi di output che forniscono informazioni utili sul processo di compilazione e sui problemi eventualmente riscontrati:

- Messaggi di errore: indicano errori che impediscono la compilazione del codice.
- Warning: segnalano potenziali problemi nel codice che non impediscono la compilazione ma possono causare comportamenti indesiderati.

- Output della compilazione: il compilatore genera file oggetto (.o) per ogni file sorgente compilato separatamente. Questi file possono essere linkati per creare il programma eseguibile finale.
- File di debugging: se il flag -g è abilitato, il compilatore include informazioni di debug nel file eseguibile. Queste informazioni sono utili per eseguire il debug del programma con strumenti come GDB.

Risorse per imparare e approfondire

Per apprendere più a fondo sull'uso efficace dei flag di compilazione e sull'interpretazione degli output del compilatore, è consigliabile consultare le seguenti risorse:

- Documentazione del compilatore: le pagine di manuale (gcc --help) e la documentazione ufficiale del compilatore sono fonti complete per imparare i dettagli di ogni flag e opzione supportati.
- Tutorial online: esistono numerosi tutorial online che trattano l'uso dei flag di compilazione e forniscono esempi pratici per esplorare varie opzioni.
- Comunità di sviluppatori: partecipare a forum e discussioni online può aiutare a ottenere consigli da altri sviluppatori sull'uso efficace dei flag di compilazione.
- Esperimentare: prova diverse combinazioni di flag di compilazione su piccoli progetti per comprendere meglio come influenzano il codice compilato e l'eseguibile finale.

Struttura di un progetto C

La strutturazione di un progetto in C è un aspetto cruciale per garantire la chiarezza, la manutenibilità e la scalabilità del codice. Questo capitolo approfondirà le best practices e le metodologie consigliate per organizzare efficacemente un progetto in C, includendo la suddivisione dei file, la gestione delle dipendenze, la documentazione dettagliata, le convenzioni di nomenclatura e stile di codifica, la gestione degli errori e altre considerazioni importanti.

Organizzazione della Struttura dei File

Una buona pratica è organizzare i file del progetto in una struttura gerarchica e coerente, che faciliti la navigazione e la gestione dei componenti del software. Ecco una possibile struttura di base:

```
progetto/
├── include/
│   ├── modulo1.h
│   ├── modulo2.h
│   └── ...
├── src/
│   ├── modulo1.c
│   ├── modulo2.c
│   └── ...
├── tests/
│   ├── test_modulo1.c
│   ├── test_modulo2.c
│   └── ...
├── docs/
│   ├── design_doc.md
│   ├── api_reference.md
│   └── ...
├── Makefile
└── README.md
```

- include/: contiene i file di intestazione (*.h) che dichiarano le interfacce pubbliche dei moduli del progetto. Questi file devono contenere i prototipi delle funzioni, le strutture dati, i tipi definiti dall'utente e le costanti.
- src/: contiene i file sorgente (*.c) che implementano i moduli del progetto. Ogni file dovrebbe corrispondere a un modulo specifico e implementare le funzioni dichiarate nei file di intestazione corrispondenti. È importante mantenere la separazione tra dichiarazione (header) e implementazione (source) per favorire l'incapsulamento e il riutilizzo del codice.
- tests/: contiene i file di test (*.c) per il progetto. Sviluppare test unitari per verificare il corretto funzionamento delle funzionalità implementate nei moduli. I test dovrebbero coprire casi di successo e casi di errore per garantire la robustezza del software.
- docs/: contiene la documentazione del progetto, come documenti di design, riferimenti all'API, istruzioni per l'installazione e l'uso, e altro ancora. Una buona documentazione aiuta a comprendere rapidamente il progetto e a utilizzarlo correttamente.
- Makefile: un file Makefile definisce le regole di compilazione per il progetto. Include istruzioni per compilare i moduli, eseguire i test, pulire i file oggetto e altro ancora. Automatizza il processo di build e semplifica la gestione del progetto.
- README.md: il file README fornisce una panoramica del progetto, le istruzioni per l'installazione, l'uso e la configurazione. È il punto di partenza per nuovi collaboratori e utenti del progetto.

Moduli e Dipendenze

La suddivisione del progetto in moduli logici aiuta a organizzare il codice in unità funzionali indipendenti. Ogni modulo dovrebbe avere un'interfaccia chiara e ben definita tramite file di intestazione, separando l'implementazione dalla dichiarazione delle funzioni e delle strutture dati.

- Interfacce pubbliche: definire interfacce pubbliche attraverso file di intestazione per esporre le funzionalità del modulo ad altri moduli e applicazioni che utilizzano il progetto. Utilizzare dichiarazioni incomplete (forward declarations) quando possibile per minimizzare le dipendenze e migliorare l'efficienza della compilazione. La forward declaration di una funzione, nota anche come prototipo di funzione, dichiara il tipo di ritorno e i parametri della funzione senza definirne il corpo. Le forward declarations possono essere utilizzate anche per le strutture quando è necessario dichiarare un puntatore a una struttura prima della sua definizione completa.
- Gestione delle dipendenze: gestire le dipendenze tra i moduli in modo efficiente. Utilizzare #include solo per i file di intestazione necessari per evitare accoppiamenti indesiderati e migliorare la manutenibilità del codice.

Convenzioni di Nomenclatura e Stile di Codifica

- Nomenclatura: adottare convenzioni di nomenclatura significative e coerenti per nomi di variabili, funzioni, strutture e costanti. Utilizzare nomi descrittivi che chiariscano il ruolo e il contesto dell'elemento. Ad esempio, utilizzare PascalCase per i nomi delle funzioni (EsempioDiFunzione()), camelCase per le variabili (esempioVariabile), e SCREAMING_SNAKE_CASE per le costanti (ESempioCostante).

- Stile di codifica: scegliere uno stile di codifica coerente per tutto il progetto. Questo include l'uso di indentazione, spaziatura, posizionamento delle parentesi e altro ancora. L'obiettivo è rendere il codice facilmente leggibile e comprensibile per chiunque lo legga.

Gestione degli Errori

Implementare una gestione degli errori coerente e robusta per affrontare situazioni impreviste durante l'esecuzione del programma. Utilizzare *errno* per segnalare errori nelle funzioni della libreria standard e definire meccanismi personalizzati di gestione degli errori, come callback o eccezioni, quando necessario.

Documentazione e commenti

- Documentazione del codice: commentare il codice in modo significativo per spiegare il funzionamento di funzioni complesse, algoritmi non ovvi e decisioni di design. Utilizzare commenti brevi ma informativi per chiarire l'intento del codice e le operazioni eseguite.
- Documentazione esterna: oltre ai commenti nel codice, fornire documentazione esterna che spieghi l'architettura del progetto, l'uso delle funzionalità principali, i requisiti di sistema, e altre informazioni rilevanti per gli sviluppatori e gli utenti del progetto.

Controllo di versione

Utilizzare un sistema di controllo di versione come Git per gestire il codice sorgente e la documentazione del progetto. Questo facilita il lavoro collaborativo, il tracciamento delle modifiche e il rollback a versioni precedenti in caso di necessità. Utilizzare branch per sviluppare nuove funzionalità isolate e unire le modifiche tramite pull request per garantire la qualità del codice.

Strumenti di automazione e build

- Makefile: utilizzare un Makefile per automatizzare il processo di compilazione del progetto. Definire regole per la compilazione dei moduli, l'esecuzione dei test, la pulizia dei file temporanei e altro ancora.
- Strumenti di analisi del codice: utilizzare strumenti di analisi statica del codice come gcc con opzioni di warning elevate (-Wall -Wextra) per individuare potenziali problemi nel codice durante la fase di compilazione.

Esempio di Makefile Semplice

Ecco un esempio di Makefile semplice per un progetto in C:

```
CC = gcc
CFLAGS = -Wall -Wextra
SRCDIR = src
INCDIR = include
BINDIR = bin
OBJDIR = obj
TESTDIR = tests

SRC = $(wildcard $(SRCDIR)/*.c)
OBJ = $(SRC:$(SRCDIR)/%.c=$(OBJDIR)/%.o)
DEPS = $(wildcard $(INCDIR)/*.h)

TARGET = myprogram

$(TARGET): $(OBJ)
    $(CC) $(CFLAGS) -o $(BINDIR)/$@ $^

$(OBJDIR)/%.o: $(SRCDIR)/%.c $(DEPS)
    $(CC) $(CFLAGS) -c -o $@ $<

test:
```

```
    $(CC) $(CFLAGS) -o $(TESTDIR)/test_$(TARGET) $(TESTDIR)/test_$(TARGET).c $(SRC)
    $(TESTDIR)/test_$(TARGET)

clean:
    rm -f $(OBJDIR)/*.o $(BINDIR)/$(TARGET) $(TESTDIR)/test_$(TARGET)
```

Appendice – Il Cmake

Introduzione a CMake

CMake, abbreviazione di "Cross-Platform Make", è uno strumento open source di automazione della compilazione progettato per gestire la costruzione, il testing e il packaging del software. CMake è utilizzato per controllare il processo di compilazione di software utilizzando semplici file di configurazione indipendenti dalla piattaforma e dal compilatore. È particolarmente utile per progetti che devono essere compilati su diverse piattaforme (come Windows, macOS e Linux) e con diversi compilatori (come GCC, Clang e MSVC).

CMake utilizza file di configurazione chiamati *CMakeLists.txt*, che contengono istruzioni su come configurare il progetto, specificare i file sorgenti e le dipendenze, e generare i file di costruzione appropriati per la piattaforma di destinazione. In altre parole, CMake traduce queste configurazioni in file di build nativi (ad esempio, Makefile per Unix, progetti Visual Studio per Windows, ecc.).

Vantaggi dell'utilizzo di CMake

L'utilizzo di CMake offre diversi vantaggi rispetto ai metodi tradizionali di gestione della costruzione del software:

Indipendenza dalla piattaforma

Uno dei principali vantaggi di CMake è la sua capacità di generare file di build per una varietà di piattaforme e ambienti di sviluppo. Questo consente agli sviluppatori di scrivere un unico set di configurazioni di build che possono essere utilizzate per costruire il software su Windows, macOS, Linux e altre piattaforme supportate.

Indipendenza dal compilatore

CMake supporta diversi compilatori, permettendo agli sviluppatori di utilizzare lo stesso file di configurazione per compilare il progetto con GCC, Clang, MSVC e altri compilatori. Questo rende CMake una scelta versatile per progetti multi-piattaforma.

Semplicità nella gestione delle dipendenze

CMake semplifica l'inclusione e la gestione delle dipendenze esterne. Utilizzando comandi come *find_package* e *find_library*, CMake può automaticamente localizzare e collegare le librerie necessarie, riducendo la complessità della configurazione manuale.

Supporto per build In-Source e Out-Of-Source

CMake supporta sia build in-source (dove i file di build sono generati nella stessa directory del codice sorgente) che build out-of-source (dove i file di build sono generati in una directory separata). Le build out-of-source sono particolarmente utili per mantenere la directory del codice sorgente pulita e organizzata.

Scalabilità

CMake è progettato per gestire progetti di qualsiasi dimensione, dai piccoli progetti a singolo file a grandi progetti con centinaia di file sorgente e complesse dipendenze. La sua capacità di organizzare e gestire build complesse lo rende ideale per progetti di grandi dimensioni.

Installazione di CMake su Windows e Linux

Windows

Per installare CMake su Windows, segui questi passaggi:

- Scarica CMake:
    1. Visita il sito ufficiale di CMake: cmake.org.
    2. Clicca su "Download" nel menu di navigazione.
    3. Seleziona il file di installazione per Windows. Solitamente, è disponibile sia come installer (.msi) che come archivio zip.
- Installa CMake:
    1. Se hai scaricato il file .msi, fai doppio clic su di esso per avviare l'installazione.
    2. Segui le istruzioni della procedura guidata di installazione.
    3. Durante l'installazione, assicurati di selezionare l'opzione "Add CMake to the system PATH for all users" o "Add CMake to the system PATH for current user" per facilitare l'accesso a CMake dal prompt dei comandi.

Linux

Per installare CMake su Linux, puoi utilizzare il gestore di pacchetti della tua distribuzione. Ecco come fare per le distribuzioni più comuni:

- Ubuntu/Debian:

```
sudo apt-get update
sudo apt-get install cmake
```

- Fedora:

```
sudo dnf install cmake
```

- Arch Linux:

```
sudo pacman -S cmake
```

Struttura di Base di un Progetto CMake

Il file CMakeLists.txt

Il cuore di qualsiasi progetto gestito con CMake è il file *CMakeLists.txt*. Questo file contiene le istruzioni che CMake utilizza per configurare e generare i file di build necessari. Ecco una panoramica degli elementi chiave che tipicamente si trovano all'interno di questo file:

Comandi di Base

- **cmake_minimum_required**: specifica la versione minima di CMake necessaria per il progetto.

```
cmake_minimum_required(VERSION 3.10)
```

- **project**: definisce il nome del progetto e il linguaggio di programmazione utilizzato.

```
project(MioProgettoC LANGUAGES C)
```

- **set**: utilizzato per definire variabili. Può essere utilizzato per impostare opzioni di compilazione, percorsi di inclusione, ecc.

```
set(CMAKE_C_STANDARD 99)
```

- **add_executable**: specifica l'eseguibile da creare e i file sorgenti necessari per compilarlo.

```
add_executable(MioProgettoC main.c utils.c)
```

Gestione delle dipendenze

- **find_package**: ricerca pacchetti preinstallati necessari per il progetto.

```
find_package(PackageName REQUIRED)
```

- **find_library**: cerca librerie specifiche.

```
find_library(M_LIB m)
if(M_LIB)
    target_link_libraries(MioProgettoC ${M_LIB})
endif()
```

- **target_include_directories**: specifica le directory di inclusione.

```
target_include_directories(MioProgettoC PRIVATE include)
```

Altri Comandi Utili

- **message**: stampa messaggi durante la configurazione.

```
message(STATUS "Configurazione del progetto MioProgettoC")
```

- **add_subdirectory**: include altri progetti CMake situati in sottodirectory.

```
add_subdirectory(src)
```

Esempio di CMakeLists.txt

Ecco un esempio completo di un file CMakeLists.txt per un semplice progetto C:

```
# Richiede una versione minima di CMake
cmake_minimum_required(VERSION 3.10)

# Definisce il nome del progetto e il linguaggio utilizzato
project(MioProgettoC LANGUAGES C)

# Imposta lo standard C da utilizzare
set(CMAKE_C_STANDARD 99)

# Aggiunge la directory di inclusione
include_directories(include)

# Aggiunge i file sorgente del progetto
```

```
set(SOURCE_FILES src/main.c src/utils.c)

# Crea l'eseguibile
add_executable(MioProgettoC ${SOURCE_FILES})

# Aggiunge librerie specifiche se necessario
find_library(M_LIB m)
if(M_LIB)
    target_link_libraries(MioProgettoC ${M_LIB})
endif()

# Aggiunge opzioni di compilazione
target_compile_options(MioProgettoC PRIVATE -Wall -Wextra)

# Stampa un messaggio durante la configurazione
message(STATUS "Configurazione del progetto MioProgettoC completata con successo")
```

Spiegazione dell'esempio

- cmake_minimum_required(VERSION 3.10): richiede che la versione di CMake utilizzata sia almeno la 3.10.

- project(MioProgettoC LANGUAGES C): definisce il nome del progetto come "MioProgettoC" e specifica che il linguaggio utilizzato è il C.

- set(CMAKE_C_STANDARD 99): imposta lo standard C da utilizzare (C99 in questo caso).

- include_directories(include): aggiunge la directory include al percorso di ricerca dei file di intestazione (.h).

- set(SOURCE_FILES src/main.c src/utils.c): definisce una lista di file sorgente per il progetto.

- add_executable(MioProgettoC ${SOURCE_FILES}): specifica che i files sorgente devono essere compilati in un eseguibile chiamato "MioProgettoC".

- find_library(M_LIB m) e target_link_libraries(MioProgettoC ${M_LIB}): cerca la libreria matematica e la collega al progetto se trovata.

- target_compile_options(MioProgettoC PRIVATE -Wall -Wextra): aggiunge opzioni di compilazione per attivare warning di compilazione.
- message(STATUS "Configurazione del progetto MioProgettoC completata con successo"): stampa un messaggio di stato durante la configurazione.

Questa sezione ha fornito una panoramica di base del file CMakeLists.txt e un esempio pratico di come configurare un progetto C con CMake. Comprendere la struttura e i comandi di base di CMake è essenziale per gestire efficacemente progetti multi-piattaforma e multi-compilatore.

Configurazione del Progetto Utilizzo della Command Line

Configurare un progetto CMake tramite la command line su Windows è un processo semplice e diretto. Segui questi passaggi per configurare e generare i file di build:

- Apri il prompt dei comandi:
    - Premi Win + R, digita cmd e premi Invio.
    - Assicurati di avere i privilegi di amministratore se necessario.
- Naviga nella directory del progetto:

Usa il comando cd per spostarti nella directory contenente il file CMakeLists.txt.

```
cd percorso\del\tuo\progetto
```

- Crea una directory per la build:

È consigliato creare una directory separata per i file di build, solitamente denominata build, e poi spostarsi all'interno di essa. Questo approccio aiuta a mantenere ordinata la struttura del progetto e facilita la gestione dei file generati durante il processo di build. Per creare la directory e spostarsi al suo interno, è possibile eseguire i seguenti comandi:

```
mkdir build
cd build
```

- Esegui CMake per generare i files di build:

Per generare i file di build, è necessario eseguire CMake specificando la directory che contiene il file CMakeLists.txt. Utilizza il seguente comando:

```
cmake ..
```

Se desideri utilizzare un generatore specifico, ad esempio per Mingw, puoi specificarlo con l'opzione -G. Ecco un esempio di comando per MinGW Makefiles:

```
cmake -G " MinGW Makefiles" ..
```

Per configurazioni specifiche (ad esempio, build a 64 bit), puoi aggiungere ulteriori opzioni:

```
cmake -G " MinGW Makefiles" -A x64 ..
```

- Compila il progetto:

Una volta generati i file di build, puoi compilare il progetto utilizzando il comando cmake --build.

```
cmake --build .
```

Per compilare un target specifico o usare configurazioni particolari (come Debug o Release):

```
cmake --build . --target MioProgettoC --config Release
```

Utilizzo di CMake GUI

CMake GUI offre un'interfaccia grafica per configurare e generare i file di build, facilitando l'intero processo, specialmente per chi preferisce lavorare con strumenti visivi. La GUI di CMake permette di selezionare le directory di origine e di destinazione, configurare le opzioni di build e generare i file di progetto in modo intuitivo e interattivo.

Tuttavia, in questa appendice non approfondiremo l'utilizzo della CMake GUI. L'obiettivo è fornire una comprensione introduttiva, chiara e dettagliata dell'utilizzo di CMake tramite la command line, che è uno strumento fondamentale per sviluppatori che lavorano in ambienti diversi e che necessitano di script di build automatizzati.

Per chi è interessato a esplorare l'uso di CMake GUI si consiglia di seguire la documentazione disponibile. La pratica diretta con l'interfaccia grafica sarà molto utile per familiarizzare con le varie opzioni e funzionalità offerte da CMake GUI.

Se pensi che questo libro ti sia piaciuto e ti abbia aiutato ti chiedo solo dedicare pochi secondi a lasciare una breve recensione su Amazon. Questo è un sostegno fondamentale per noi autori.

Grazie,

Cristian Tesconi

www.ingramcontent.com/pod-product-compliance
Lightning Source LLC
Chambersburg PA
CBHW082232220526
45479CB00005B/1204